宇宙から見た地質
――日本と世界――

加藤碵一　山口　靖　渡辺　宏　薦田麻子 ……… 編集

朝倉書店

まえがき

　私たちが地球を周回する人工衛星から眺めうる地球の表層は，過去46億年にわたる地球の営みの反映である．即ち地球を構成する地圏（核〜マントル〜地殻），水圏，気圏の相互作用が生み出した，あるいは生み出しつつあるアラベスクなのである．更に言えば地球外の宇宙圏からの来訪者でもある隕石などによってもその様相が装飾されている．私たちの生活の場でもある複雑に入り組んだ地球表層の探査には，衛星リモートセンシングが極めて有効である．

　本書は，この技術によって得られた画像から，地質学的に興味深いものを選んで解説を加えたものである．まずは，地球内部からの活発な火山活動を始めとする「地球の熱き息吹を見る」シリーズ，次に過去を遡ってその地球の活動の痕跡を追いつつ，それらのもたらしてくれた地の恵みに焦点をあてた「いにしえの地球史を探る」シリーズ，そして断層や褶曲を始めとして過去から現在へと続く「地球の成長を追う」シリーズなどである．これらの様相を明らかにするためには，各々の対象地域の地質学的特性の現地調査を踏まえた理解とともに，次に述べるような多様な技術手段を駆使した解析が行われている．

　リモートセンシングは，人工衛星などによって，地球の表面から反射または放射される光や赤外線などの電磁波を捉える技術で，広域を繰り返して観測することができるため，地質分野のみならず，近年，環境監視などの分野でも盛んに利用されている．本書の画像のほとんどは，ASTER（アスター）というセンサで撮られたものだが，ASTERは日本が開発した最新式のセンサで，米国NASAの人工衛星に搭載されており，打ち上げから6年が経過した現在も順調に稼働を続けている．ASTERは可視光だけでなく，人間の眼では見ることのできない赤外線も観測に利用しているが，それを可視化するため，カラー合成という方法を使っている．本書の多くの画像中で植物が赤い色で表現されていたりするのは，こうした理由によるものである．また対象物の電磁波応答の違いを強調するため，異なる波長域のデータ間で比や差などの演算を行っている場合もある．一方，ASTERは立体視機能により地形起伏の計測も同時に可能である．このように計測された地形データから作成した鳥瞰図は，あたかも自分の眼で空から地表を眺めているかのような効果を与えてくれ，地形や地質の判読には極めて有効である．

　なお地質学全体を理解してもらうために「地質リモートセンシングのより一層の理解のために」という章を設けており，これで更なる理解を得てもらいたい．

　世界には私たちの知的興味を引きつける地質構造が数多く存在している．宇宙からのリモートセンシングの眼は，地質の探査に役立つという実利を与えるだけではなく，眺めて楽しい画像も提供できるという面にもお気付きいただければ，編集者としては望外の喜びである．

2006年5月

編集者一同

編集者

加藤 碵一 (かとう ひろかず)	独立行政法人産業技術総合研究所		〔2, 15, 17, 20 章〕
山口 靖 (やまぐち やすし)	名古屋大学大学院環境学研究科地球環境科学専攻		〔9 章〕
渡辺 宏 (わたなべ ひろし)	独立行政法人国立環境研究所		〔16 章〕
薦田 麻子 (こもだ まこ)	財団法人資源・環境観測解析センター技術一部		〔用語解説〕

執筆者（執筆順）

上杉 陽 (うえすぎ よう)	都留文科大学理科教室		〔1 章〕
染野 誠 (そめの まこと)	株式会社パスコ関西事業部防災技術部		〔1 章〕
草野 尚平 (くさの しょうへい)	ESRI ジャパン株式会社 ESRI 技術グループ		〔1 章〕
浦井 稔 (うらい みのる)	独立行政法人産業技術総合研究所地質情報研究部門		〔2, 5 章〕
金子 隆之 (かねこ たかゆき)	東京大学地震研究所火山噴火予知研究推進センター		〔3 章〕
小出 良幸 (こいで よしゆき)	札幌学院大学人文学部こども発達学科		〔4, 14, 22 章〕
岡田 欣也 (おかだ きんや)	株式会社地球科学総合研究所地理情報部		〔6 章〕
二宮 芳樹 (にのみや よしき)	独立行政法人産業技術総合研究所地質情報研究部門		〔7 章〕
山本 和広 (やまもと かずひろ)	住鉱コンサルタント株式会社資源環境調査部		〔8 章〕
村岡 弘康 (むらおか ひろやす)	ジオテクノス株式会社ジオサイエンス事業部		〔10 章〕
町田 晶一 (まちだ しょういち)	日鉄鉱業株式会社資源開発部		〔11 章〕
三箇 智二 (さんが ともじ)	日鉱探開株式会社探査事業部		〔12 章〕
幟崎 哲夫 (はたさき てつお)	ジオテクノス株式会社		〔13 章〕
傳 碧宏 (ふ びほん)	中国科学院地質与地球物理研究所		〔18, 19 章〕
佃 栄吉 (つくだ えいきち)	独立行政法人産業技術総合研究所活断層研究センター		〔18 章〕
脇田 浩二 (わきた こうじ)	独立行政法人産業技術総合研究所総合地質情報研究グループ		〔18, 19 章〕
竹花 康夫 (たけはな やすお)	石油資源開発株式会社海外本部		〔21 章〕
大沼 巧 (おおぬま たくみ)	株式会社地球科学総合研究所地理情報部		〔21 章〕
汐川 雄一 (しおかわ ゆういち)	財団法人資源・環境観測解析センター企画調査部		〔23 章〕

目　次

ASTER について　　　　　　　　　　　　　　　　　　　　　　　　〔山口　靖・渡辺　宏〕　1

I　地球の熱き息吹を見る
1　富士山──日本一の秀麗な活火山　　　　　　　　　　〔上杉　陽・染野　誠・草野尚平〕　10
2　三宅島──今なお傷跡癒えない火山島　　　　　　　　　　　　　〔加藤碩一・浦井　稔〕　14
3　カムチャツカの活火山群──毎年のように繰り返す活発な噴火　　　　　　〔金子隆之〕　18
4　セントヘレンズ──大噴火で低くなった成層火山　　　　　　　　　　　　〔小出良幸〕　24
5　エトナ火山──最古の噴火記録を持つ地中海の活火山　　　　　　　　　　〔浦井　稔〕　28
6　エレバス島──極寒の地で火を噴き続ける火山　　　　　　　　　　　　　〔岡田欣也〕　32

II　いにしえの地球史を探る
7　チベット高原──地下深部の情報を語るオフィオライト　　　　　　　　　〔二宮芳樹〕　38
8　ピルバラ・グリーンストーンベルト──オーストラリア大陸最古の地塊　　〔山本和広〕　44
9　アパラチア──北米大陸の古き造山運動の跡　　　　　　　　　　　　　　〔山口　靖〕　48
10　キュプライト──ネバダの砂漠に眠る鉱物標本箱　　　　　　　　　　　　〔村岡弘康〕　52
11　アンデス変質帯──マグマが造った金属鉱床　　　　　　　　　　　　　　〔町田晶一〕　58
12　エスコンディーダ──世界最大級の斑岩銅鉱山　　　　　　　　　　　　　〔三箇智二〕　62
13　グレートダイク──25億年前のクロムと白金の恵み　　　　　　　　　　　〔幢崎哲夫〕　66
14　石林ジオパーク──天然の石灰岩彫刻　　　　　　　　　　　　　　　　　〔小出良幸〕　72

III　地球の成長を追う
15　紅海とアカバ湾──アフリカと中近東を隔てる海　　　　　　　　　　　　〔加藤碩一〕　78
16　リフトバレー──裂けつつあるアフリカ大陸　　　　　　　　　　　　　　〔渡辺　宏〕　82
17　アナトリア断層──ユーラシア大陸を横切る地震断層　　　　　　　　　　〔加藤碩一〕　86
18　崑崙断層──チベット高原を今も引き裂く活断層　　　〔傳　碧宏・佃　栄吉・脇田浩二〕　90
19　天山山脈の活褶曲──大陸内部で成長を続ける皺と傷　　　　　〔傳　碧宏・脇田浩二〕　94
20　ザグロスの褶曲──地震をもたらすイラン高原の皺　　　　　　　　　　　〔加藤碩一〕　100
21　スレマン褶曲帯──地球の果実を秘めるパキスタンの皺　　　　〔竹花康夫・大沼　巧〕　104
22　メテオール・クレータ──宇宙との関わりを示すアリゾナの隕石孔　　　　〔小出良幸〕　110
23　ケシム島──成長する岩塩ドーム　　　　　　　　　　　　　　　　　　　〔汐川雄一〕　114

地質リモートセンシングのより一層の理解のために 〔加藤碵一〕 119
- 1. 地質学とは？ 119
- 2. 地質学と調査・研究手法 119
  - 2.1 地質調査 120
  - 2.2 層序学的研究手法 122
  - 2.3 鉱物学的研究手法 129
  - 2.4 岩石学的研究手法 131
- 3. 地質図と地質情報 134
  - 3.1 地質図 134
  - 3.2 地質図の読み方と書き方 135
- 4. 地質構造の解析・表示 140
  - 4.1 地質構造の成り立ち 140
  - 4.2 地表部のおもな地形・地質構造 141
  - 4.3 主要な地質構造の観察 144

用語解説 〔薦田麻子〕 149

ASTERについて

　人工衛星や航空機に搭載したセンサを用いて，地表面などから反射・放射される電磁波を捉え，広域を観測する技術のことをリモートセンシングと呼ぶ．リモートセンシングは，広い範囲を迅速に，しかも繰り返し周期的に観測できるという利点があるため，天気予報・地球環境監視・資源探査・農業・漁業・気象学・海洋学・惑星探査などの様々な分野で利用されている．この画像集で紹介している地球の画像も，リモートセンシング技術で取得したもので，そのほとんどは ASTER（Advanced Spaceborne Thermal Emission and Reflection Radiometer）という日本製のセンサを使って撮像された．

　ASTER は，地表面から高度約 700 km を飛ぶ地球観測衛星 Terra に搭載されている．Terra 衛星は，アメリカ合衆国航空宇宙局（NASA）の地球観測システム（EOS：Earth Observing System）計画の中で重要な役割を担う衛星で，1999 年 12 月 18 日にアメリカ合衆国カリフォルニア州バンデンバーグ空軍基地からアトラス II - AS ロケットで打ち上げられた．EOS 計画は，多数の地球観測衛星に搭載された様々なセンサにより地球環境変動を総合的に観測し，環境変動の将来予測に生かすことを目的としている．

　ASTER センサの開発は，経済産業省（開発当時は通商産業省）からの委託により（財）資源探査用観測システム研究開発機構（JAROS）が，データ利用技術と地上データ処理システム（GDS）の開発は，（財）資源・環境観測解析センター（ERSDAC）が行った．ASTER プロジェクトでは，様々な利用分野での観測目的を達成するため，データ利用ユーザからの声を機器の観測性能や運用シナリオなどに反映させるべく，約 60 名の日米の科学者からなる ASTER サイエンスチームを組織し，機器開発チームおよび GDS チームとの緊密な連携体制をとってきた．

● ASTER センサの特徴

　ASTER センサは，表 1 に示すように VNIR，SWIR，TIR の 3 つのサブシステムからなる．ASTER センサの特徴は以下のようにまとめられる．
（1）可視～近赤外～短波長赤外～熱赤外域の広い波長範囲をカバーしている．
（2）高い空間分解能を持つ．
（3）直下視と後方視による同一軌道内の立体視機能を持つ．
（4）クロストラック方向に 24 度までのポインティング機能を持つ．

　ASTER は広い波長範囲について同時にデータを取得できることから，様々な観測対象の識別や物理過程の理解に役立つ．例えば，可視・近赤外域のバンドは，植物の分布や活性，水域の濁度などを解析するのに利用されている．短波長赤外域では波長 2.1～2.5 μm 付近に 5 つのバンドが集中的に配置されており，粘土鉱物や炭酸塩鉱物などを含む岩石の識別・マッピングに威力を発揮する．また熱赤外域に複数のバンドを有する高空間分解能の衛星搭載センサは，ASTER が世界初である．複数バンドを持つことにより，観測対象の温度と放射率という 2 つの情報の分離が可能となり，放射率による物質識別だけでなく，温度の計測精度が向上した．

2 ASTER について

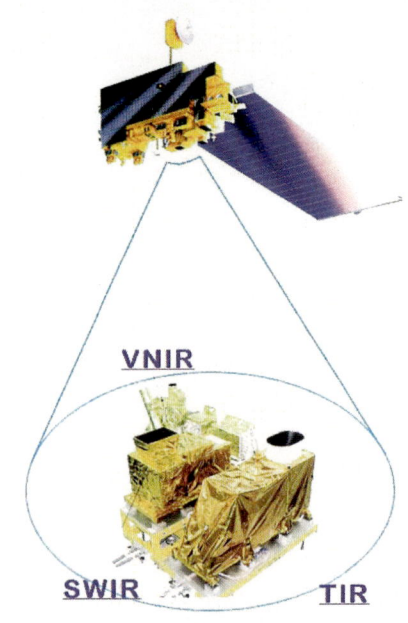

図 1　ASTER センサの概観（JAROS 提供）

表 1　ASTER の基本性能

サブシステム	バンド	波長範囲 (μm)	ラジオメトリック分解能	絶対精度	空間分解能	信号量子化レベル
VNIR	1 2 3N 3B	0.52〜0.60 0.63〜0.69 0.78〜0.86 0.78〜0.86	NE$\Delta\rho \leqq$ 0.5%	$\leqq \pm$ 4%	15 m	8 ビット
SWIR	4 5 6 7 8 9	1.600〜1.700 2.145〜2.185 2.185〜2.225 2.235〜2.285 2.295〜2.365 2.360〜2.430	NE$\Delta\rho \leqq$ 0.5% NE$\Delta\rho \leqq$ 1.3% NE$\Delta\rho \leqq$ 1.3% NE$\Delta\rho \leqq$ 1.3% NE$\Delta\rho \leqq$ 1.0% NE$\Delta\rho \leqq$ 1.3%	$\leqq \pm$ 4%	30 m	8 ビット
TIR	10 11 12 13 14	8.125〜8.475 8.475〜8.825 8.925〜9.275 10.25〜10.95 10.95〜11.65	NEΔT $\leqq$ 0.3 K	$\leqq$ 3 K（200〜240 K） $\leqq$ 2 K（240〜270 K） $\leqq$ 1 K（270〜340 K） $\leqq$ 2 K（340〜370 K）	90 m	12 ビット

立体視 BH 比	0.6（アロングトラック方向）
撮像刈幅	60 km
クロストラック方向の観測可能範囲	232 km
ピークデータレート	89.2 Mbps
質量	406 kg
ピーク電力	726 W

また，高い空間分解能を持つため，地表面とその近傍で起きているローカルからリージョナルなスケール（数十〜数百 km スケール以内）の現象の解明に貢献できる．Terra 衛星には ASTER の他に MODIS，MISR，CERES，MOPITT の 4 つの観測センサが搭載されているが，これらの中で ASTER は最も空間分解能が高いため，「Terra のズームレンズ」と呼ばれている．ASTER 以外のセンサは，空間分解能は低いが一度の観測範囲が広く，グローバルなスケールでの環境変動を捉えることが目的であり，ASTER による高い空間分解能のローカルからリージョナルな観測結果とは，互いに相補的な関係にある．

同一軌道内の立体視機能では，直下視と後方視の間の撮像時間差が約 55 秒と短いため，複数軌道からの立体視に比較して，雲のない立体視ペアの取得確率を高くできる．さらに地表面の状態変化がほとんどないため，肉眼での立体視はもちろんのこと，ディジタル標高モデル（DEM：Digital Elevation Model）の生成が行いやすい．ASTER データから生成された DEM は，高さ精度が約 15 m 以内，水平方向の位置精度が約 50 m 以内（3σ：σ は標準偏差）である．

ASTER の VNIR サブシステムは，飛行方向と直交するクロストラック方向に 24 度までのポインティング機能を持つ．Terra 衛星の回帰周期は赤道上で 16 日であるが，この機能を用いると ASTER による観測の回帰周期は平均 4 日となる．このため，火山噴火などの突発的な自然災害に対して，データ取得までの時間を短縮できるだけでなく，繰り返し観測する機会も大幅に増やすことができる．

● ASTER の運用シナリオ

ASTER の運用は，昼間は 3 つのサブシステムすべてでデータ取得を行うフルモード，夜間は TIR サブシステムのみを運用する TIR モードが基本となる．この他に昼間には VNIR サブシステムのみの VNIR モードや，夜間には SWIR および TIR サブシステムにより活火山の溶岩などの高温域の観測を行う火山モードが設定されている（図 1）．

空間分解能が高くバンド数が多いため，ASTER のデータレートは 1 秒間に約 90 メガビットとかなり大きいが，Terra 衛星のデータレコーダに記録できるデータ量には上限がある．このため Terra 衛星が地球を 1 周する約 100 分間のうち，ASTER は約 8 分間だけデータ取得を許されている．この制約のもと，ASTER は 1 日当たり約 500〜600 シーン（1 シーンは約 60 km 四方）を撮像し続けており，2007 年 3 月下旬には累計約 1,300,000 シーンに到達した．これまでに ASTER が取得したデータのうち，雲のない良好なデータのモザイクを図 2 に示す．これによれば，北極海周辺などの一部地域を除けば，世界中の陸域ほとんどについて良好な ASTER データが取得されていることがわかる．

Terra 衛星は 1 日に地球を約 14.6 周回するが，その飛行地域の内のどこを対象として ASTER のデータ取得を行うのかは，毎日の観測スケジュール（ODS：One Day Schedule）で決めている．ODS は，ユーザからのデータ取得要求をその緊急性・重要性・他の観測への影響，対象地域の雲量予測等の様々な基準に基づいて優先付けし，さらに上述のデータ量やセンサの消費電力などの運用制約を考慮しながら，毎日自動的に生成される．突発的な自然災害などに対する観測も可能とするため，Terra 衛星へ ODS を送信する 7 時間前に最終的な ODS の更新を行っている．

また，観測されたデータは，データリレー衛星を通じて NASA にダウンロードされ，さらにそのデータが東京の ASTER GDS（地上データシステム）に転送される．転送されたレベル 0 データは，原則としてすべてレベル 1A データに処理され，ユーザはこのデータを検索できる．2005 年 3 月からは，この転送は APAN（Asia-Pacific Advanced Network）と呼ばれる高速ネットワークを通じて行われるようになっており，観測からレベル 1A データを検索できるようになるまでの時間は 4〜5 日程度になった．

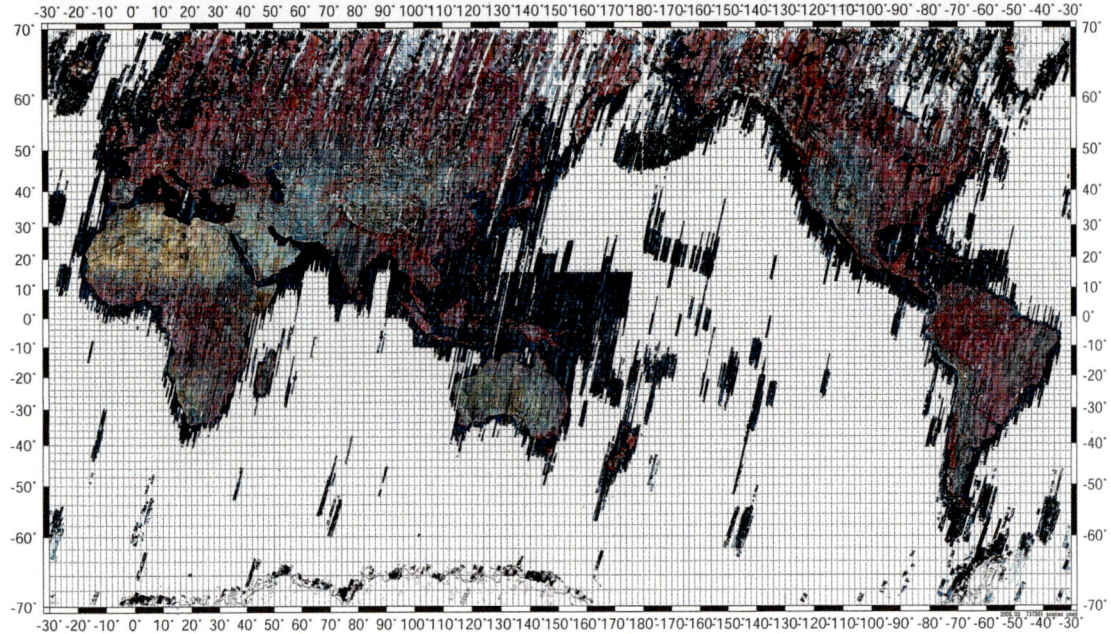

図2　ASTERで取得した画像のモザイク（2005年現在）

● ASTERデータについて

　ASTERのデータにはレベル1A，1Bなどの基本的なデータの他，以下に述べる高次のデータがある．1Aデータとは，レベル0データに可逆な補正処理のみを施したデータであり，ジオメトリックおよびラジオメトリックな補正係数が添付されている．この段階では，まだ，既存の地図には重ね合わせることはできない．しかしながら，レベル1Aにラジオメトリック，ジオメトリックな補正を施したレベル1Bは標高の低い地域では概ね，既存の地図に重ね合わせることができる．ASTER GDSでは，さらに，レベル1AからDEM（レベル4）や正射投影されたデータとDEMを含むレベル3Aなどの幾何学的に補正されたもの，さらに，1Bデータに大気補正を施した反射率，放射率，温度などのラジオメトリックな補正を施したものを高次プロダクトとしてユーザに提供している．これらプロダクトのリストを以下の表2にまとめる．データフォーマットについてはEOS HDF（Hierarchical Data Format）が一般的であるが，L1A, BについてはCEOS formatも提供できる．データの読み込みについては，多くの有料の市販ソフトウェアが対応しているが，最近はフリーソフトも多く入手可能であり，これらも下記ウェブサイトで情報を提供している．

● ASTERデータの入手方法

　これらのデータは，下記のサイトから検索・注文ができる．また，データについての解説も下記ウェブサイトから得られる．レベル1Bプロダクト，高次プロダクトについては，既存のものばかりでなく，新たにパラメータを指定してプロダクトを注文しても同じ価格で入手可能である．また，配布は，CD ROM，DVDの他，オンラインでのデータ配布も可能である．また，支払いは入金の他クレジットカードも利用できる．ネットワーク事情が良好なところでは，クレジットカード決済・オンラインデータ配

布を選択すると迅速にデータを入手できる．さらに，ASTER GDS では，2004 年 11 月より一般のユーザからの観測要求の受付けも行っており，下記ウェブサイトから申し込むことができる．

http://www.gds.aster.ersdac.or.jp/gds_www2002/index_j.html （ASTER に関する情報が得られるトップページ，図 3）

http://www.science.aster.ersdac.or.jp/index.html（ASTER の処理アルゴリズムの解説，応用例などが見られるサイト）

http://www.gds.aster.ersdac.or.jp/ims/html/MainMenu/MainMenu_j.html（最も汎用的な ASTER Data 検索サイト，図 4）

http://imageweb.aster.ersdac.or.jp/（日本に限るが，フルレゾリューション画像も見られる，図 5）

http://imsweb.aster.ersdac.or.jp/SimpleSearch（海外のいくつかの地域について検索が可能，図 6）

http://www.gds.aster.ersdac.or.jp/gds_www2002/service_j/gpr_j/set_gpr_j.html（一般ユーザからの観測要求受付けサイト）

表 2 ASTER プロダクト一覧

プロダクト名	概　説	空間分解能
レベル 1A	SWIR の視差補正や望遠鏡間幾何補正処理を施した画像プロダクト．幾何学的補正係数および放射量補正係数は提供するが，これらの補正処理は行われていない．レベル 1A 以外のプロダクトは，すべてレベル 1A より作成される．	V(15 m) S(30 m) T(90 m)
レベル 1B	レベル 1A に添付されている補正用係数を使って，幾何補正と放射量補正を施した画像プロダクト．ユーザはオーダの際に，地図投影法・内挿法について指定することができる．また，画像データの数値（DN）を放射輝度や温度などの物量に変換することも可能	V(15 m) S(30 m) T(90 m)
レベル 4A01Z （相対 DEM）	VNIR のバンド 3N（直下視），3B（後方視）データより抽出した標高データプロダクト．3N と 3B の観測時間の差が 55 秒であり，高精度の相関が得られる．標高値の基準はジオイド高を使用	Z (Default 30 m)
レベル 3A01 （オルソ）	標高による地形の歪みがなく，地形図と対応のとれる正射影画像に補正したプロダクト．また，該当する DEM データも添付されている．	V(15 m)＋DEM S(30 m)＋DEM T(90 m)＋DEM
レベル 2B03 （地表面温度）	レベル 2B01T プロダクトに基づいて，TIR に入射する熱赤外放射量から温度／放射率分離処理により地表面温度を求めたプロダクト	T(90 m)
レベル 2B01V （地表面放射輝度）	VNIR データに，大気補正処理を施した地表面輝度データプロダクト	15 m
レベル 2B01S （地表面放射輝度）	SWIR データに，大気補正を施した地表面輝度データプロダクト	30 m
レベル 2B01T （地表面放射輝度）	TIR データに，大気補正を施した地表面輝度データプロダクト	90 m
レベル 2B05V （地表面反射率）	VNIR データに大気補正を施した後，反射率に変換した数値データ	15 m
レベル 2B05S （地表面反射率）	SWIR データに大気補正を施した後，反射率に変換した数値データ	30 m
レベル 2B04 （表面放射率）	レベル 2B01T プロダクトに基づいて，TIR に入射する熱赤外放射量から温度／放射率分離処理により地表面放射率を求めたプロダクト	T(90 m)

6 ASTER について

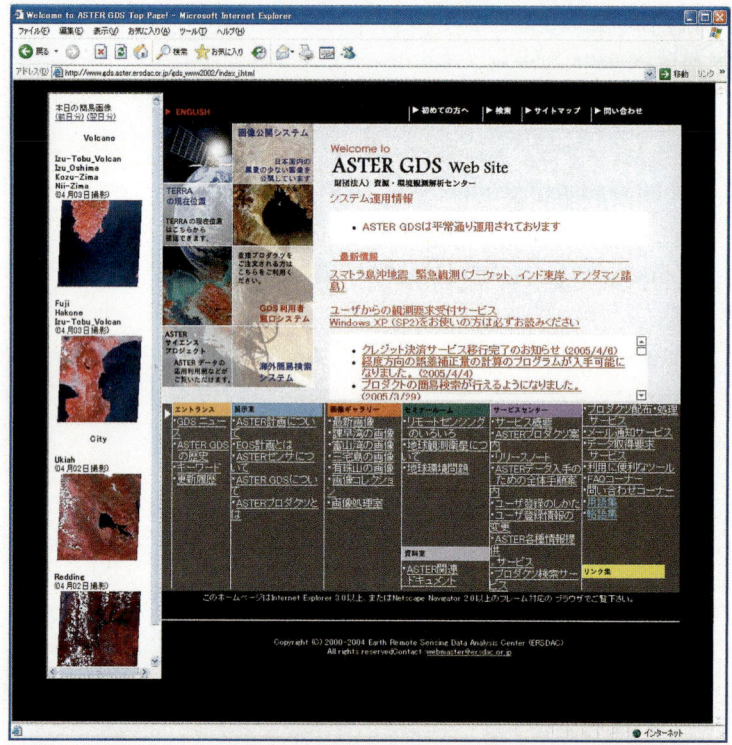

図3 ASTER GDS Web サイト（ASTER の総合的情報）

図4 ASTER データの検索システム Web サイト

ASTER について 7

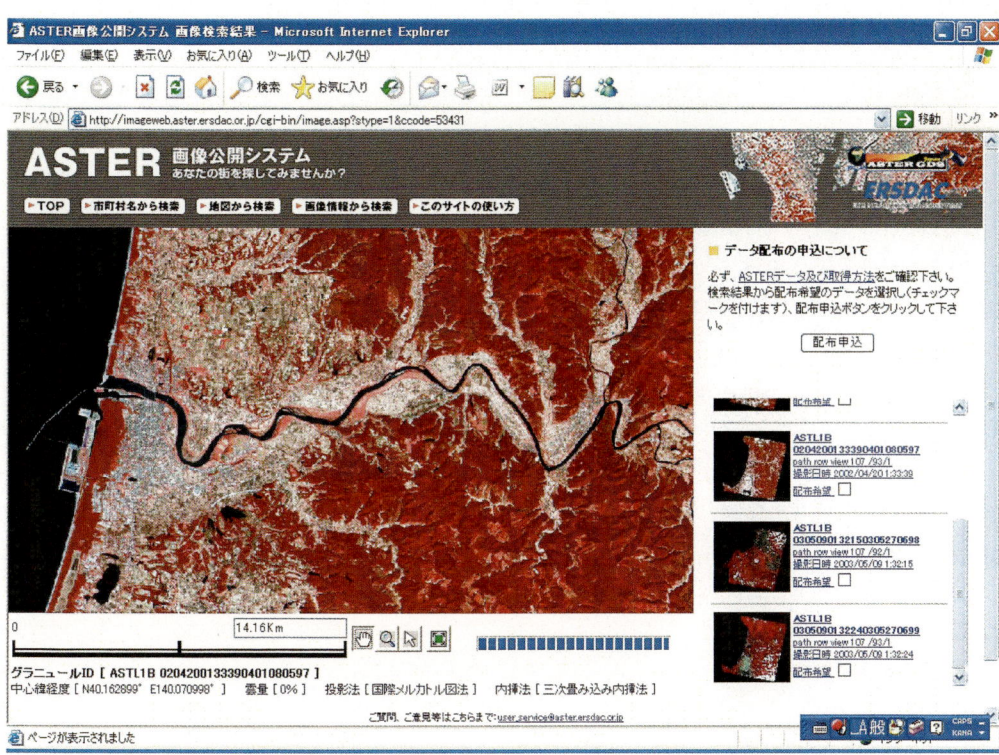

図 5 日本の ASTER データ紹介サイト（フルレゾリューション画像）

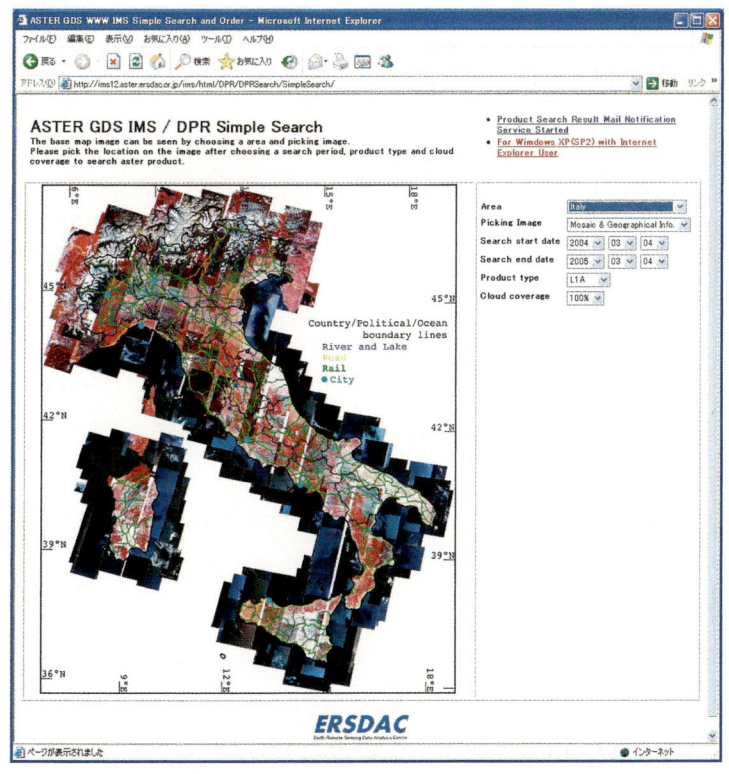

図 6 海外広域範囲の ASTER データ紹介サイト

I
地球の熱き息吹を見る

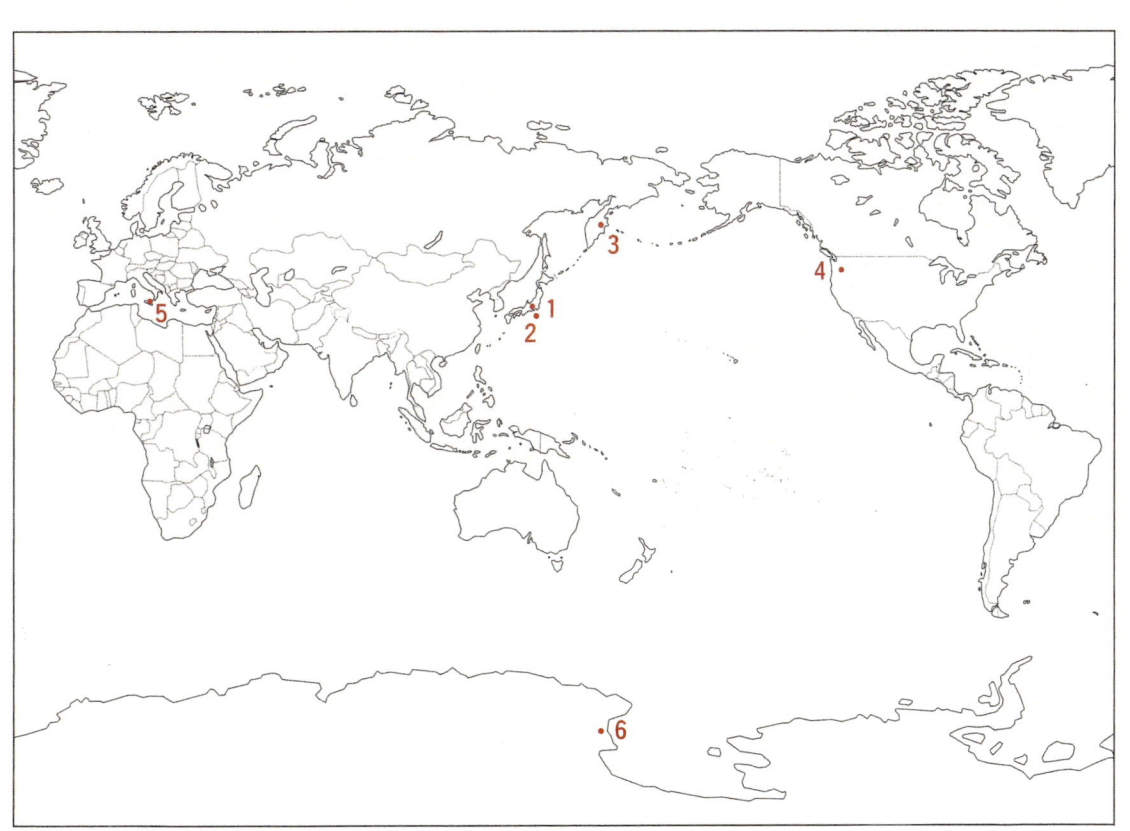

富士山
——日本一の秀麗な活火山

　日本の 3,000 m 級高山は，日本列島を糸魚川-静岡構造線で東西に二分した場合の西南日本の東縁部，日本アルプスに集中する．唯一の例外が南部フォッサマグナに位置する富士山で，その高度は 3,776 m，日本アルプスの高山より飛び抜けて高い．その体積および面積ともに日本の第四紀火山中では最大級である（上杉，2003）．

　図 1.1 に富士山付近のナチュラルカラー画像を，図 1.2 に富士山を東方からみた鳥瞰図を示す．鳥瞰図は高度を 1.2 倍に誇張してある．

　概略 10 万年前には誕生していた（町田，1977）とされる富士山には，現在，2 つの大きな火口がある（図 1.1）．大きい方が南東側山腹の宝永第一火口（1707～08 年形成）で，長径 1,300 m，短径 1,100 m，小さい方が長径 800 m，短径 650 m の山頂火口で，2,200 年前の大噴火で火道が詰まり，以来，マグマ噴出不能になったとされる（宮地，1988）．富士山は，もはや単純な円錐形火山ではない．

　富士山の高度 2,600 m 以上は，平均傾斜 30°前後以上の急傾斜裸地となっている．図 1.2 では高度を 1.2 倍に誇張しているために，急傾斜していることが特に目立つ．裸地の面積は概略 15 km^2 で，東京都渋谷区とほぼ同じである（上杉，2003）．東斜面では裸地が高度 1,300 m 前後まで広がっている．

　図 1.1 には，山頂火口縁に迫る 2 つの大沢が見える．2 つの大沢は，宝永火口と山頂火口を結ぶ北西-南東方向の主割れ目帯の両側に，ほぼ等しい角度（62°）で位置している．西側の大沢が富士宮大沢（図 1.3），北側の大沢が吉田大沢（図 1.4）である．ともにスプーン状の広い谷頭部を持つが，富士宮大沢は原斜面が急傾斜しており，積雪量が少なく凍結破砕が激しいため岩屑生産量が多い．その上，駿河湾に近く土砂排出が容易なので，今日では下流側が深く削り込まれている．吉田大沢は，相模湾から遠く土砂流出が相対的に困難で，谷頭部のスプーン状の崩壊地形をよく残している．

　富士山の南西側には，概略 10 万年前に活動を停止した愛鷹火山がある（藤井・由井，1985）．西側には天守山地，北西から北側には御坂山地，北東から東側（桂川（相模川）の南東側）には丹沢山地が分布する．これらの山地は，主に新第三紀の海底火山噴出物と，それを貫く酸性深成岩体から構成され，富士山の基盤を成している．基盤の地質構造は，天守山地では主に南北走向・西傾斜，御坂山地から丹沢山地では北東-南西走向から東西走向・北傾斜であり，天守山地と御坂山地の接合部で大きく屈曲している．富士山山頂部一帯は，丹沢山地最南端の東西に延びる支稜線の西方延長線上に位置している．重力調査（駒澤，2000）や地震波調査（及川ほか，2004）から，山頂部一帯から北東側の基盤高度が高いことが裏付けられている．

　基盤を切る主断層は，丹沢団体研究グループ（1973）などの公表・未公表資料によれば，上記山地の地質構造方向に平行な断層群（図 1.2 の B～F など）と，これに高角度で斜交する北西-南東方向の横断断層群とに二分される．地質構造に平行な断層群の中で重要なのは，桂川渓谷を形成する「桂川断層」で，これを境に北西側の御坂山地が 600～800 m 隆起している（中井，1999）．富士山山頂を通る北西-南東方向の主割れ目帯は，上述の横断断層群と同方向で，地質構造が大きく屈曲する天守山地と御

富士山──日本一の秀麗な活火山　11

図1.1 富士山付近のナチュラルカラー画像（2002.10.4）

12 地球の熱き息吹を見る

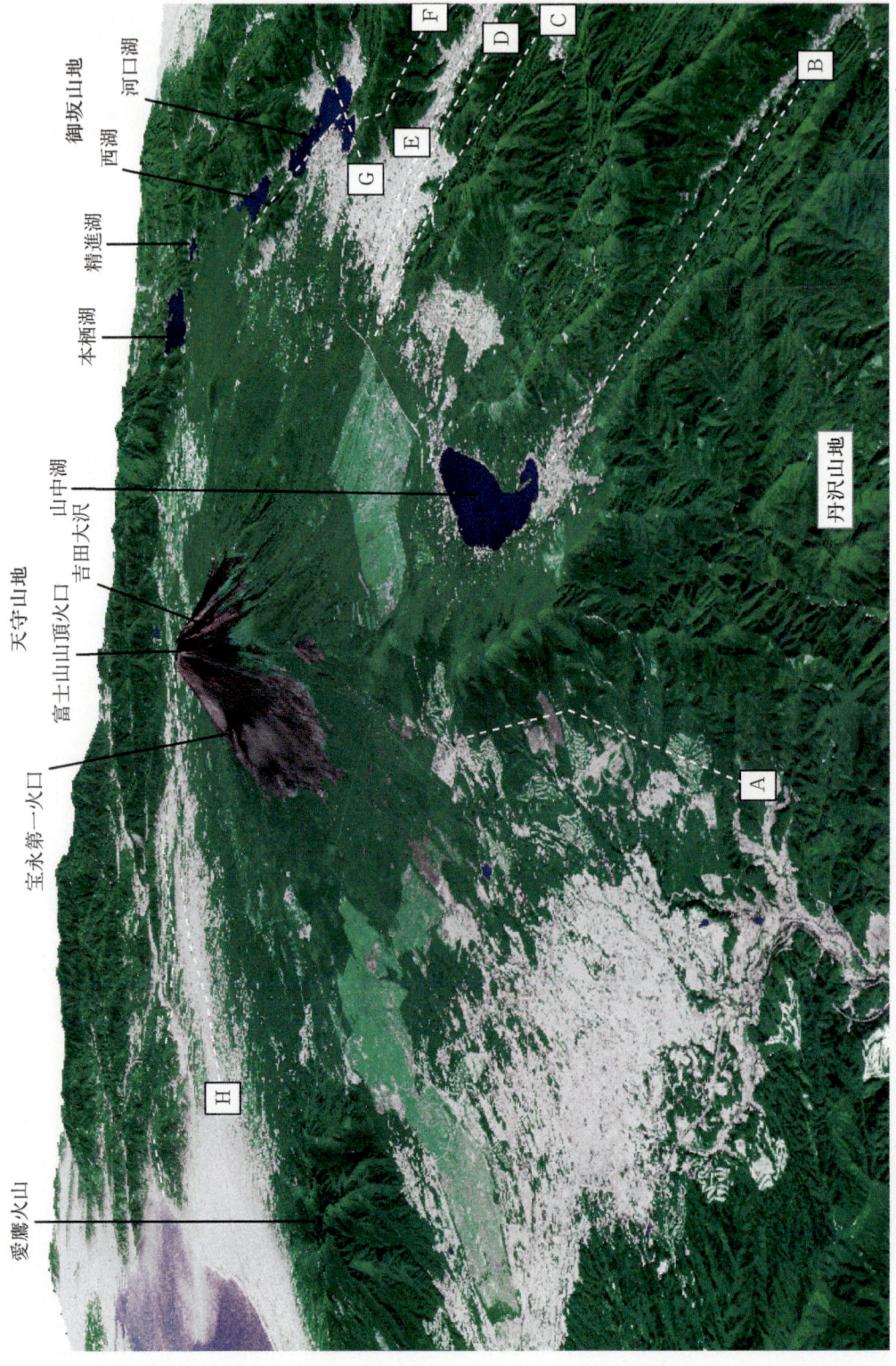

図 1.2 富士山東方から見た鳥瞰図 (2002.10.4)
A:神縄断層系, B:道志川断層, C:秋山川断層, D:朝日川断層, E:桂川断層, F:三ッ峠断層, G:河口湖-山中湖線, H:富士川断層系

坂山地の接合部に向かって伸びている．主割れ目帯の起源が古いことをうかがわせる．

　富士山は，東方から潜り込む太平洋（ギガ）プレートの上盤側に位置する（マイクロ）プレート群，すなわち，東北日本弧（北米プレートないしはオホーツクプレート；瀬野，1996）および西南日本弧（ユーラシアプレート）と，南部フォッサマグナ～伊豆弧（フィリピン海プレート）の衝突帯，トリプルジャンクションという特異な位置にある．そして，誕生後10万年間，噴出中心が現在の山頂一帯を中心とする北西-南東方向の割れ目帯からぶれなかったこと，玄武岩質（スコリア質）噴火を続けてきたこと，噴出率が高いこと，噴出量が多いことなどの特徴を有する．こうした点を考慮して，高橋（2000）は，富士山の下でフィリピン海プレートが北西-南東方向に裂け続けるため，そこからマントル物質が供給され続けるという仮説を提唱した．その後，マグマの主成分化学組成が非常に狭い範囲にあること，シリカの量という点では玄武岩質であっても，Fe/Mg比などは島弧マグマとしては分化が進んだマグマであること（藤井，2004），安山岩マグマとの混合のため爆発的な噴火が多いと考えられること（金子ほか，2004）などの特異性も挙げられるようになった．現在は，富士山形成に関する新たな仮説提唱の段階にある．

　　スコリア（scoria）：鉄・マグネシウムの含有量が高いため黒色〜暗褐色を呈し，多孔質で低密度の火山砕
　　　屑物の一種．

■ 文　献

上杉　陽編著（2003）：地学見学案内書「富士山」．日本地質学会関東支部発行，117 p.
及川　純・鍵山恒臣・田中　聡・宮町宏樹・筒井智樹・池田　靖・潟山弘明・松尾紃道・西村裕一・山本圭吾・渡辺俊樹・大島弘光・山崎文人（2004）：人工地震を用いた富士山における構造探査．月刊地球，号外48号：23-26.
金子隆之・安田　敦・吉本充宏・嶋野岳人・藤井敏嗣・中田節也（2004）：富士火山のマグマの特質とマグマ供給系．月刊地球，号外48号：146-152.
駒澤正夫（2000）：富士山の重力異常と山体の密度構造推定．月刊地球，22(8)：539-547.
瀬野徹三（1996）：東北日本北米プレート説．新版地学事典（地学団体研究会編），平凡社，p.906, p.1345, p.1443.
高橋正樹（2000）：富士火山のマグマ供給システムとテクトニクス場―ミニ拡大海嶺モデル―．月刊地球，22(8)：516-523.
丹沢団体研究グループ（1973）：丹沢山地のグリーンタフに関する研究（その1），北部地域の層序と地殻の構造と進化．アーバンクボタ，12：53.
東郷正美・清水文健・下川浩一（1991）：「静岡」．新編「日本の活断層」（活断層研究会編），東京大学出版会，pp.206-209, p.437.
中井　均（1999）：第二章　西桂町の基盤地質．西桂町史資料編，第1巻，西桂町発行，pp.185-215, 517 p.
藤井敏嗣（2004）：富士山ではなぜ玄武岩質噴火が卓越するか．月刊地球，号外48号：153-159.
藤井敏嗣・由井将雄（1985）：愛鷹火山の岩石学的特徴．月刊地球，7：622-627.
町田　洋（1977）：火山灰は語る，蒼樹書房，324 p.
宮地直道（1988）：新富士火山の活動史．地質学雑誌，94(6)：433-452.

図1.3　富士宮大沢

図1.4　吉田大沢

2 三宅島
——今なお傷跡癒えない火山島

　三宅島は伊豆諸島に属し，直径約8 km，面積55 km²の火山島である．

　2000年6月からの噴火は，地表には溶岩は噴出せず，多量の火山灰・火山ガスの放出を特徴とし，大規模な山頂部の陥没を引き起こしている（図2.1）．特に，従来にない大量の火山ガスの放出は世界的にも最大級のもので，島民が長期間帰島できなかった原因であった．例えば，2000年9〜12月の二酸化硫黄の平均放出量は4.2万トン/日で，これは地球上の三宅島を除くすべての火山の放出する二酸化硫黄の合計に匹敵する．さらに，2000年12月7日には最大23万トン/日を記録した．今回の活動のように比較的長期間継続する場合，噴火活動のモニタリングには，衛星リモートセンシングが有効である．例えば，図2.2のように火山ガス中の二酸化硫黄の噴出パターンを把握することに成功した．

　前回の1983年10月の噴火は，玄武岩質マグマの割れ目噴火で，半日程度で収束した．火山体中心部および近傍では，初期の溶岩噴泉（マグマが火口から噴水状に噴出）から晩期に**ストロンボリ式噴火**に移行した．一方，海岸に近い割れ目火口群では，海水や地下水との接触により激しいマグマ水蒸気爆発が起こり，大部分の噴出物は火砕流堆積物となった（荒牧・早川，1984）．図2.3と図2.4を比較すると明瞭に島南西部に分布する1983年に生じた火口列や溶岩流が黒く認められる．さらに，それ以前の噴火活動の痕跡も島北東部や南部で認められ，地形的なカルデラ縁の分布も明らかである．

　中央部の雄山付近を最高峰（814.5 m）とし，山頂（中央火口丘）部分に径約1 kmの凹地（カルデラ地形）がある（図2.5，図2.6）．カルデラ縁はASTER画像からもよく判別される．火山形成前の基盤岩類は露出していないが，火山砕屑岩中の**捕獲岩**から，伊豆半島の基盤をなす新第三紀中新世の湯ヶ島層群相当と推定される．

　三宅島火山は，第四紀後期更新世に，ほぼ現在の位置付近での海中噴火に始まり，火山砕屑物と溶岩が交互に成層する火山として形成された．その後，数千年間の活動休止期とその間の侵食地形の形成が進行した後，山腹で寄生火山形成をもたらした活動が始まった．島の中央部に見られるカルデラは，約3,000年前の大噴火直後に発生した可能性が指摘されている．二千数百年前〜1154年までに13回の噴火輪廻が知られており，これらは山腹噴火と山頂火口からの火山灰放出を特徴とする（一色，1960；津久井ほか，2005）．これ以降も数十年おきに計十数回の噴火記録が知られている（図2.7）．

　　ストロンボリ式噴火（Stromboliann eruption）：比較的短い周期で火口から玄武岩質マグマ片や火山弾が放出される形式の噴火．

　　捕獲岩（xenolith）：火成岩中に含まれる別種の岩石片．

■ 文　献
荒牧重雄・早川由起夫（1984）：1983年10月3・4日三宅島噴火の経過と噴火様式．火山，2集，**29**：24-35．
一色直記（1960）：三宅島地域の地質．地域地質研究報告（5万分の1地質図幅），地質調査所，85 p．
津久井雅志・鈴木裕一（1998）：三宅島最近7000年間の噴火史．火山，**43**：149-166．
津久井雅志・川辺禎久・新堀賢志（2005）：三宅島火山地質図（1：25,000），（独）産業技術総合研究所地質調査総合センター．

三宅島──今なお傷跡癒えない火山島　15

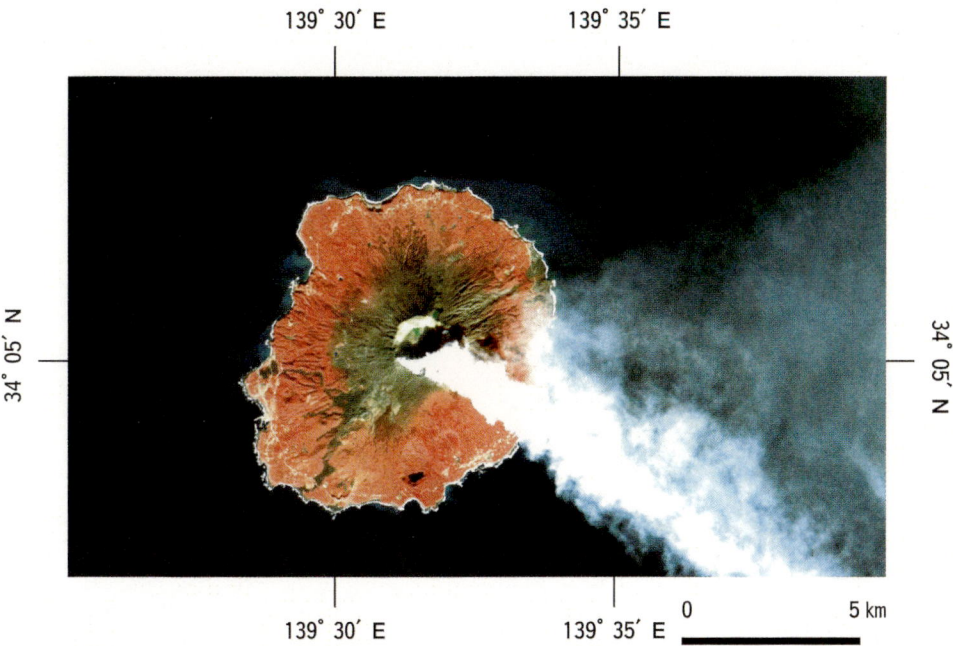

図 2.1　三宅島の 2000 年噴火の噴煙をよく表す ASTER フォールスカラー画像（2000.11.8）噴煙・山頂の陥没・火山灰による植生被害（火口周辺の暗色部）が見える．可視および近赤外域で観測されたデータを地形や地質を際立たせるために「フォールスカラー」で表示しているため，植生は赤色で示される．

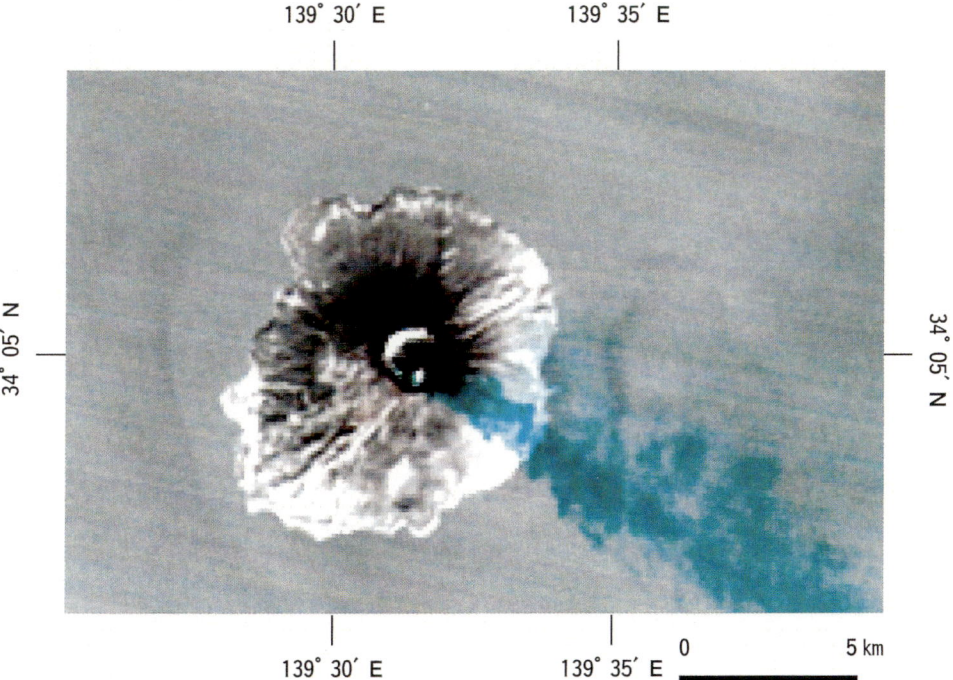

図 2.2　三宅島の 2000 年噴火の噴煙中の二酸化硫黄をよく表す ASTER 画像（2000.11.8，B：G：R＝14：13：12）SO_2 は，特定の赤外線を吸収する性質があるので，海から放出される赤外線の減少量から噴煙に含まれる SO_2 の量を推定できる．

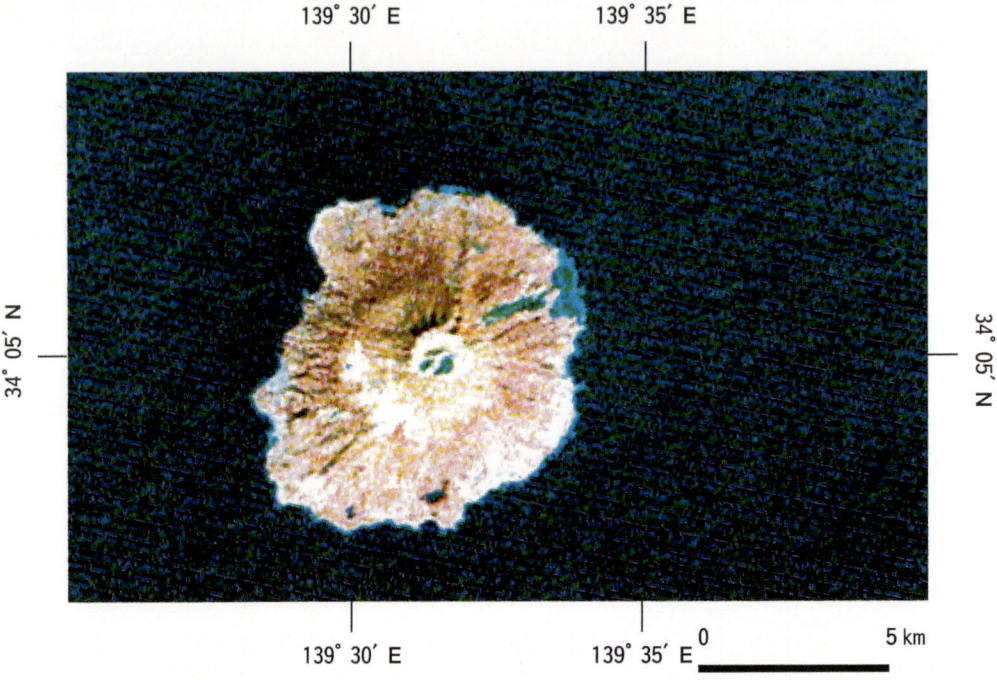

図 2.3　三宅島の Landsat MSS フォールスカラー画像（1980.11.11）

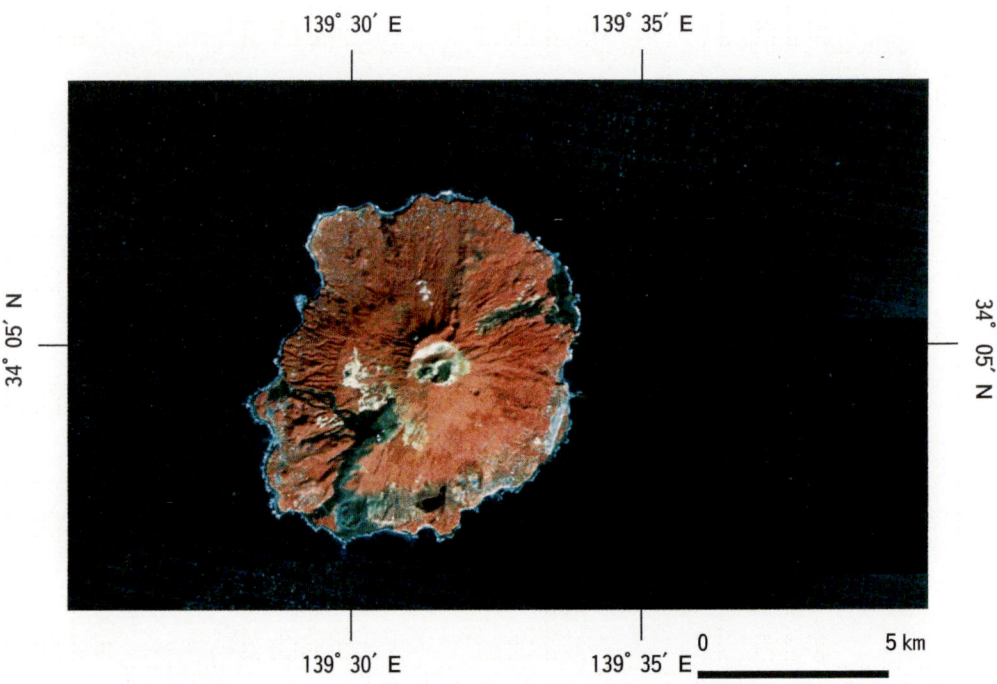

図 2.4　三宅島の Landsat TM フォールスカラー画像（1985.1.23）
1983 年の噴火火口部と溶岩流は，植生が少ないため黒く表示される．

図2.5 陥没以前の三宅島山頂部の様子（(財)東京都島しょ振興公社）

図2.6 2001年3月20日撮影の三宅島陥没火口（(独)産業技術総合研究所 伊藤順一氏撮影）

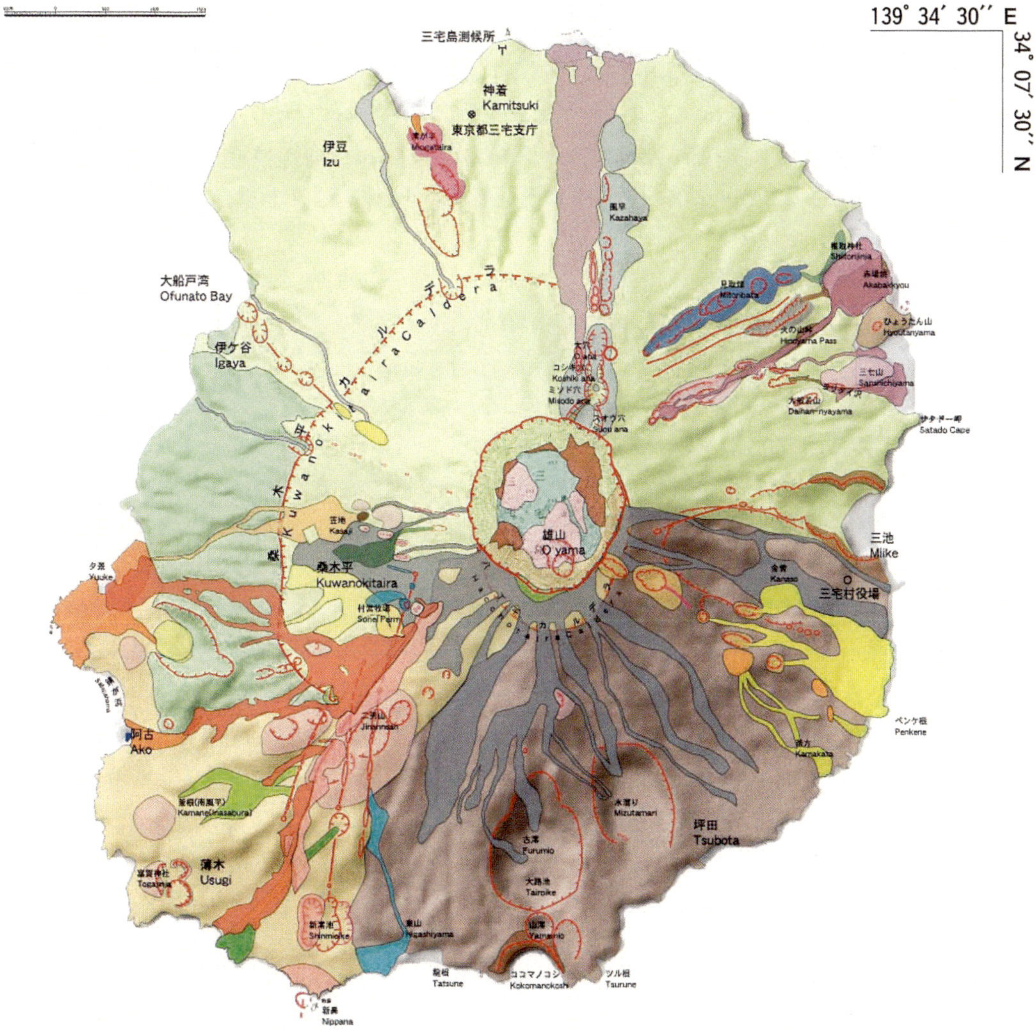

図2.7 最近数千年間の噴火による溶岩流・火砕丘および山腹割れ目火口列（津久井・川辺ほか（2005）から（独）産業技術総合研究所 川辺禎久氏作図）
地色の広い分布域は基盤を示し、流下した溶岩等の分布地域は新期火山噴出物を示す。

カムチャツカの活火山群
――毎年のように繰り返す活発な噴火

　カムチャツカ半島は太平洋の北西縁に位置する．ここでは，太平洋プレートの沈み込みによって，100を超える第四紀火山が形成され，全長800 kmに及ぶ東西2つの列をなして連なっている（図3.3）．本地域はユーラシア大陸で火山活動が最も活発な場所として知られ，高いマグマ噴出率で特徴付けられる火山が多く，それらの幾つかは20世紀の間にも史上有数の激しい噴火を起こしている．一方，地形的には富士山似の秀麗な山容を持つ火山が多く，火山と自然が織りなす美しい環境からユネスコ（UNESCO）の世界遺産にも登録されている．2つの火山列のうち，西列はすでに活動を停止した火山がほとんどを占め，活火山は東列に集中している．この中でもシヴェルチ，クリチェフスコイ，ベズミアニ，カリムスキーなどの火山は，ほとんど毎年のように噴火を繰り返している．ここでは，東列北端部にあるクリチェフスカヤ火山群（図3.2）――最も活発な火山の集まる地域――に属する火山を中心に，ASTERをはじめとする衛星画像から，主な地形的特徴と最近の噴火の痕跡をたどってみる．

▲クリチェフスコイ

　クリチェフスコイは，クリチェフスカヤ火山群北東部に位置する玄武岩質の成層火山である．標高4,835 mとカムチャツカ半島の最高峰で，北東に裾を引く円錐形の山体を持つ（図3.1，図3.4）．やや古い火山であるカーメンを基盤とし，その北東側に，約6,000年前から成長を始めた（Braitseva et al., 1995）．山体の体積は250 km³，噴出率が高く，カムチャツカ半島全火山の総マグマ噴出率の約半分を占める（Khrenov et al., 1991）．山頂のみならず，山腹からの割れ目噴火も盛んで（過去3,000年で100回以上），この際形成されたスコリア丘が斜面上に多数分布している．山頂には直径700 mの火口があるが，図3.1のASTER画像上ではこの内部から高温部（赤）が，覗いているのが認められる．

▲ベズミアニ

　ベズミアニはカーメンの南斜面に成長した標高約3,000 mの安山岩質火山である（図3.1，図3.5）．歴史記録に残る最初の噴火は1955〜56年の大噴火で，それに先行して約1,000年間の休止期があった．1955〜56年の噴火は，1980年のアメリカ合衆国のセントヘレンズの噴火に酷似した激しい噴火で，粘性の高いマグマの上昇により山頂部が爆風を伴って大崩壊し，南東に開く馬蹄形のカルデラがつくられた（図3.1）（Belousov et al., 2002）．この後，このカルデラ内に溶岩ドームが成長した．

▲トルバチック

　トルバチックは，クリチェフスカヤ火山群の南端部に位置する大型の玄武岩質火山で，東側のフラットな山頂部を持つプロスキートルバチック（標高3,085 m）と西側の古く急な山頂部を持つオストリートルバチック（標高3,682 m）の2つの山体からなる（図3.2，図3.6，図3.7）．プロスキートルバチックのフラットな山頂地形は，約6,500年前の溶岩流の大量噴出に伴って形成された直径3 kmの陥没カル

図 3.1 クリチェフスコイ，カーメン，ベズミアニ周辺の ASTER 画像（2005.1.23）

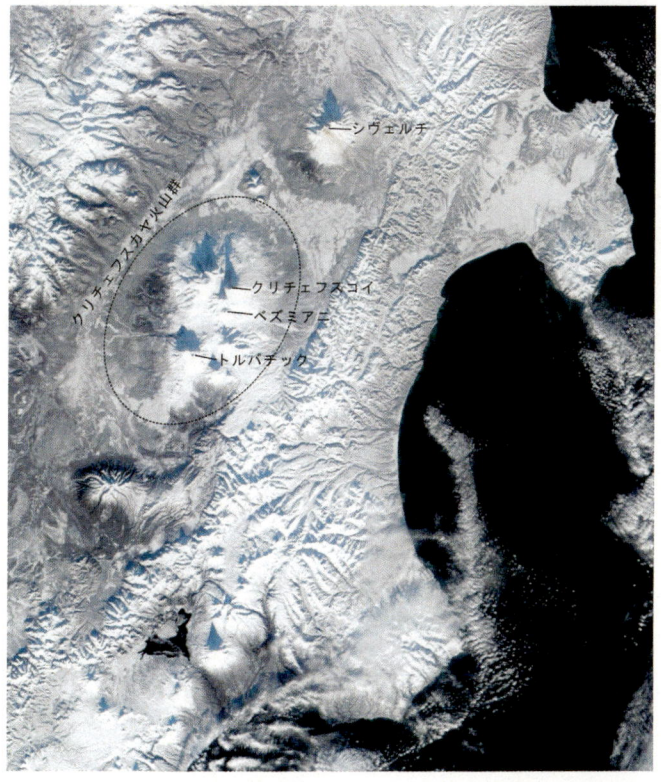

図 3.2 クリチェフスカヤ火山群周辺の MODIS 画像（A2002335.0030.250 m）（The MODIS Rapid Response system のサイトより）

デラが，後の噴出物によって完全に埋め立てられたものである（Braitseva et al., 1995）．山頂の北東と南南西方向に，ハワイのリフトゾーンに似た長い割れ目火口群があり，ここから過去1万年にわたって大量の玄武岩が噴出した（Fedotov et al., 1991）．1975～76年の噴火では，初めプロスキートルバチックの山頂から散発的にガスと火山灰が放出されたが，やがて南南西山麓の割れ目火口から激しい噴火が起き，3つの火砕丘が形成されるとともに，その1つの縁から溶岩流が溢れ出た（Doubik and Hill, 1999）．この後，さらにこの南南西10 kmの場所から割れ目噴火が起きた．噴火前，プロスキートルバチック山頂には直径350 m，深さ150 mの火口があったが，噴火の過程で陥没拡大し，直径1.8 km，高さ150 mの垂直壁からなるカルデラが形成された（Dvigalo et al., 1991）．このような地形は衛星画像でも確認することができる（図3.6）．似たような陥没イベントは，2000年の三宅島噴火でも発生した（岩脈の貫入に伴うマグマの流出によって山頂部が陥没し，直径1.6 km，深さ450 mのカルデラが形成された）．

▲ シヴェルチ

シヴェルチは東列の最北端にある火山で，標高3,282 m，古シヴェルチと新シヴェルチの2つの山体から構成される（図3.2，図3.8，図3.9(a)）．古シヴェルチは玄武岩から安山岩質の溶岩流・火砕物を主体とする火山である．約1万年前，山頂を含む南斜面が約10 km^{3}にわたって大崩壊し，直径7 kmの南に開いた馬蹄形のカルデラが形成された（Belousov, 1995；Belousov et al., 1999；Ponomareva et al., 1998）．衛星画像でも，この際に発生した起伏に富む巨大岩屑なだれ堆積物を確認することができる（図3.9(b)）．この後，カルデラ内で溶岩ドームの成長と破壊が繰り返され，新シヴェルチが成長した．1964年の噴火では，新シヴェルチの山頂溶岩ドーム約1 km^{3}が崩壊し，直径1.8 kmの南に開く馬蹄形カルデラが形成された．衛星画像でも，この崩壊による岩屑なだれが，山体南側に扇状に拡がっているのが確認される（図3.9(b)で黄褐色を呈する）．この一部をASTER画像で拡大してみると，岩屑なだれの流れ方向に，何本もの並行な筋が形成されているのがわかる（図3.9(c)）．シヴェルチでは，このような岩屑なだれの堆積が，約3,500年前以降少なくとも8回あったことがわかっている（Belousov et al., 1999）．

■ 文 献

Belousov, A. B. (1995)：The Shiveluch volcanic eruption of 12 November 1964 — explosive eruption provoked by failure of the edifice. *Journal of Volcanology and Geothermal Research*, 66：357-365.

Belousov, A., Belousova, M. and Voight, B. (1999)：Multiple edifice failures, debris avalanches and associated eruptions in the Holocene history of Shiveluch volcano, Kamchatka, Russia. *Bulletin of Volcanology*, 61：324-342.

Belousov, A., Voight, B., Belousova, M. and Petukhin, A. (2002)：Pyroclastic surges and flows from the 8-10 May 1997 explosive eruption of Bezymianny volcano, Kamchatka, Russia. *Bulletin of Volcanology*, 64：455-471.

Braitseva, O. A., Melekestsev, I. V., Ponomareva, V. V. and Sulerzhitsky, L. D. (1995)：Ages of calderas, large explosive craters and active volcanoes in the Kuril-Kamchatka region, Russia. *Bulletin of Volcanology*, 57：383-402.

Doubik, P. and Hill, B. E. (1999)：Magmatic and hydromagmatic conduit development during the 1975 Tolbachik eruption, Kamchatka, with implications for hazards assessment at Yucca Mountain, NV. *Journal of Volcanology and Geothermal Research*, 91：43-64.

Dvigalo, V.N., Fedotov, S.A. and Chirkov, A.M. (1991)：Plosky Tolbachik. *Active VOLCANOES of KAMCHATKA* (Fedotov, S.A. and Masurenkov, Yu.P. eds.), Nauka Publishers, pp.198-211, 304 p.

Fedotov, S.A., Balesta, S.T., Dvigalo, V.N., Razina, A.A., Flerov, G.B. and Chirkov, A.M. (1991)：New Tolbatic Volcanoes. *Active VOLCANOES of KAMCHATKA* (Fedotov, S.A. and Masurenkov, Yu.P. eds.), Nauka Publishers, pp.212-279, 304 p.

Khrenov, A.P., Dvigalo, V.N., Kirsanov, I.T., Fedotov, S.A., Gorel'chik,V.I. and Zharinov, N.A. (1991)：Klyuchevskoy Volcano. *Active VOLCANOES of KAMCHATKA* (Fedotov, S.A. and Masurenkov, Yu.P. eds.), Nauka Publishers, pp.104-153, 304 p.

Ponomareva, V.V., Pevzner, M.M. and Melekestsev, I.V.（1998）：Large debris avalanches and associated eruptions in the Holocene eruptive history of Shiveluch volcano, Kamchatka. *Bulletin of Volcanology*, 59：490-505.

■ データソース

The MODIS Rapid Response system のサイト　　http://169.154.196.76/
スミソニアンのサイト　　http://www.volcano.si.edu/
ロシアの火山研究グループのサイト　　http://kamchatka.ginras.ru/
EMSD（カムチャツカ地球物理研究所）のサイト　　http://www.emsd.iks.ru/index-e.html

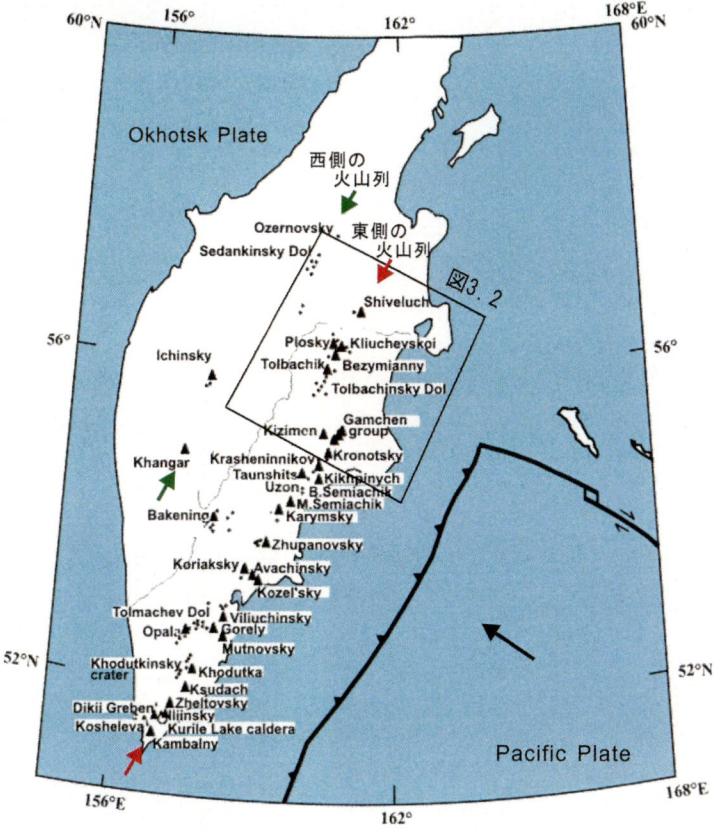

図3.3　カムチャツカ半島に分布する第四紀の火山（ロシアの火山研究グループのサイトより改変）

図3.4　クリチェフスコイ（EMSD（カムチャツカ地球物理研究所）のサイトより）

図3.5　ベズミアニ（スミソニアンのサイトより）

4 セントヘレンズ
——大噴火で低くなった成層火山

　カスケード・レンジ火山（Cascade Range Volcanoes）は，アメリカ合衆国西岸のワシントン州，オレゴン州，カリフォルニア州北部まで続く沈み込み帯に伴う火山地帯である．セントヘレンズは，カスケード・レンジ火山北部のワシントン州の南西部に位置する．1980年の噴火を起こす前までは標高2,950 mであったが，現在は標高2,549 mの成層火山である．

　セントヘレンズは，過去数千年間，カスケード地域の火山で最も活発な活動をしており，1600〜1700年の間，1800〜02年頃，1831年，1835年，1842〜44（？）年，1847〜54年頃，1857年に噴火があった（Foxworthy and Hill, 1982）．主な火山活動は，デイサイト質マグマによるもので，水蒸気と火山灰の放出，火砕流，ドーム形成（少なくとも3回）などが起こっている（Simon, 1999）．アメリカ合衆国地質調査所は，カスケード地域ではセントヘレンズはもっと高い確率で噴火するであろうと予測し，1980〜86年にかけての度重なる噴火を，かなり正確に予測していた．

　1980年の大噴火は記憶に新しく，山体崩壊が初めて科学的に観測された．それ以来，断続的な火山活動が続いており，2004年9月下旬から火山活動が活発化していたが，10月1日から4日にわたって小規模な噴火を起こし，水蒸気の噴気活動が生じている．1980年の火山活動は，3月20日の火山性群発地震と小規模な水蒸気爆発で始まった．山頂部では断層による陥没が見られた．山腹斜面において1.4〜1.6 m/日の変位速度での膨張が観測され，5月18日までに最大で120 mに達する累積変位となった．

　最初の群発地震から59日目の5月18日午前8時23分に，マグニチュード5.1の地震とともに，激しい水蒸気爆発が起こった．この噴火により，山体の山頂部を含む北側が崩壊を起こし，岩屑なだれが発生した．岩屑なだれは，2.8 km³の崩壊物からなり，岩屑なだれの結果，山体には直径2×3 km，旧山頂からの深さ1,040 mの馬蹄形カルデラが形成された（図4.3, 図4.6）．岩屑なだれと火砕流は，初速100 m/sec，流下速度35 m/secというスピードで，標高差2,600 m，距離28 kmを10分もかからず流走し，北側山麓の約600 km²の森林を壊滅させた（図4.4）．噴火の熱は，雪や氷を融かし，土石流や泥流となって，北フォーク・ツゥートル川を流れくだり（図4.1の水色の部分），麓には厚さ20 mに及ぶ堆積層ができた．表面には流れ山地形が形成された（図4.5）．

　山体崩壊の後，噴火はプリニー式へと移行し，その噴煙は，成層圏にも達した．その後も，12回以上の溶岩ドームの形成と崩壊，火砕流も繰り返し起こった．1990年11月に噴火は終焉したが，馬蹄形カルデラの中には，溶岩ドームが形成された．溶岩ドームは，底面の直径1 km，高さ260 mに成長していた．噴出物の多くは火口より北側に堆積した（図4.2）．1980年の噴火では，57名の人命が失われた．その中にはアメリカ合衆国地質調査所のジョンストン（David A. Johnston）が含まれていた．ジョンストン嶺観測所は，彼が殉職した地に建設され，博物館として一般公開されている．

　　デイサイト（daicite）：石英や長石などの無色鉱物に富む珪長質火山岩の一種．化学組成上花崗閃緑岩に対応する．世界各地の造山帯に産出する．

　　プリニー（プリニアン）式噴火（Plinian eruption）：多量の火砕物が火口から空高く放出され，大規模な降下火砕物が風下側に堆積する形式の噴火．1979年のベスビオ火山の噴火が有名．

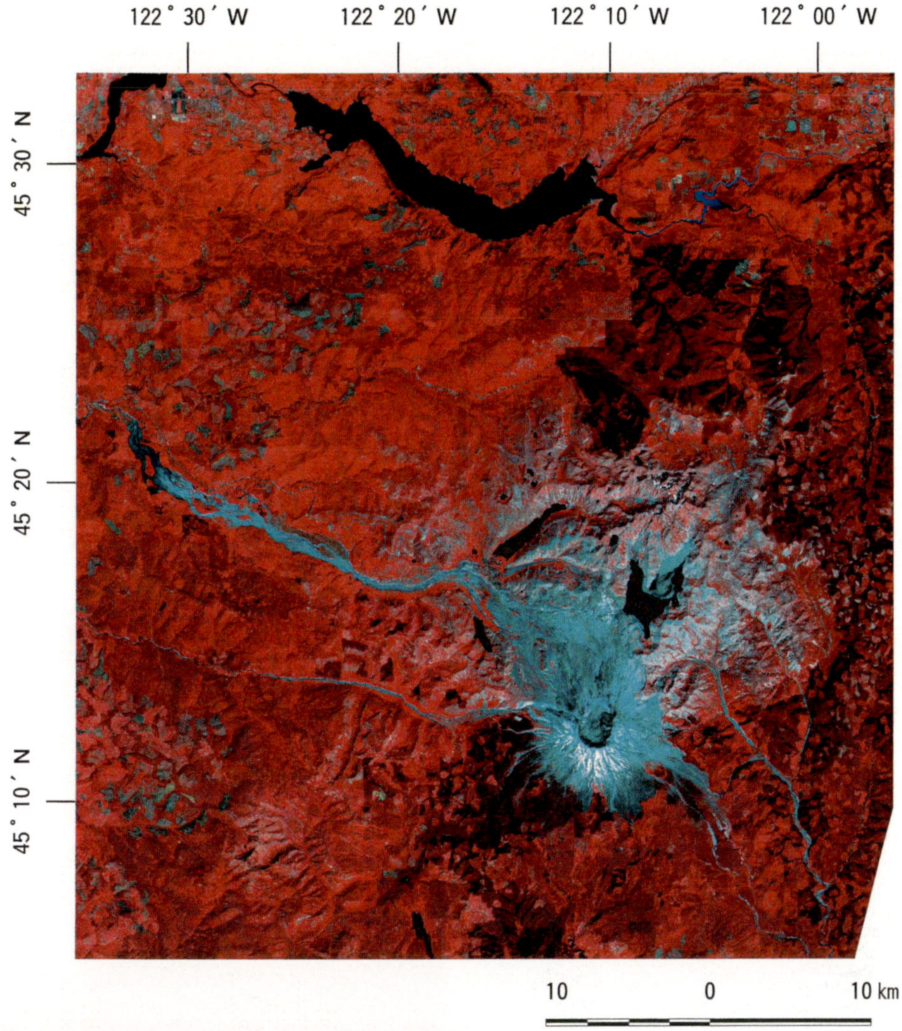

セントヘレンズ——大噴火で低くなった成層火山　25

図 4.1　セントヘレンズ火山の ASTER フォールスカラー画像（2000.8.8）

図 4.2　1980 年の噴出分の分図（2000.8.8）
原図に Tilling *et al.*（1990）のデータを加えたもの．

■ 文　献

Foxworthy, B.L. and Hill, M.（1982）：Volcanic Eruptions of 1980 at Mount St. Helens, The First 100 Days. *USGS Professional Paper 1249*, 125 p.

Simon, A.（1999）：Channel and Drainage-Basin Response of the Toutle River System in the Aftermath of the 1980 Eruption of Mount St. Helens, Washington. *USGS Open-File Report 96-633*, 130 p.

Tilling, R.L., Topinka, L. and Swanson, D.A.（1990）：Eruptions of Mount St. Helens: Past, Present, and Future. *USGS Special Interest Publication,* 56 p.

図4.3　セントヘレンズの北西面の景観

図4.5　北フォーク・ツゥートル川上流の流れ山地形

図4.4　1980年の噴火によって倒れた木（1999年撮影）噴火から20年たった今も噴火の威力が生々しく残る．

図 4.6　セントへレンズ火山の鳥瞰図（2000.8.8）ASTER/VNIR および DEM データを用いて作成した．画像中の水の部分は黒色に，植物は緑色に，植物に覆われていない部分は白色〜灰色に色つけされている．火口内の溶岩ドームや土石流，泥流の跡を見ることができる．

エトナ火山
——最古の噴火記録を持つ地中海の活火山

エトナ火山は，イタリア南部シチリア島に位置する欧州で最も活発な活火山の1つである．エトナ火山の標高は3,340 m，直径は約40 kmで，富士山に匹敵する大きさである．噴火の記録は紀元前1500年から残っており，現在までの噴火回数は220回を上回る．最近でも，エトナ火山は2002年10月から2003年1月に噴火し，南側山腹と北東側の割れ目から溶岩を噴出した．

図5.1はこの噴火中に撮影されたASTERフォールスカラー画像である．エトナ火山の山頂は雪に覆われて白く見える．植物が繁茂する地域は赤く，植物の少ない溶岩流や都市域は薄い緑色に見える．南側山腹から南側に噴煙が見え，噴火に伴って流出した溶岩が南側（A）と北東側（B）に黒く見える．その他にも，山頂から山麓へ向かう筋が見られるが，これらは古い溶岩流である．溶岩流は植生を破壊するため黒く見えるが，月日が経つことによって徐々に植生が回復して緑色から赤く見えるようになる．これが，新たな溶岩流に覆われれば再び植生が破壊される．この繰り返しによって山頂から山麓へ向かう筋が形成される．このため，溶岩流の年代とよく対応がつく．例えば，（C）は1981年に流下した新しい溶岩流であるため，暗い緑色に見える．一方，（D）は1595年の溶岩流であり，わずかに植生の回復が見られる．山腹には中央がへこんだ円錐形の火口（Eなど）がたくさん見られる．図5.2は1999年に撮影された山頂噴火の様子である．

エトナ山の周りにはカターニアをはじめとして多くの町が存在する．このため，溶岩流が町を襲うことがたびたび起こる．町を襲う溶岩流を制御する試みは古くから行われている．1991〜92年の噴火ではザフェラーナへ向かう溶岩流をコンクリートブロック，鋼鉄製の重り，爆薬等を用いて別の方向に分岐させた（脇田ほか，1992）．

図5.3は図5.1の山頂付近を拡大したものである．図5.4に示す2002〜03年溶岩流分布（Neri et al., 2004）がよくわかる．図5.5は同じ領域をASTER/TIRで夜間観測した温度分布である．温度分布の観測は太陽の日射のない夜間に実施することが望ましい．山頂は標高が高いために温度が低いが，火山活動によって幾つかの点状の高温域が見られる．南側山腹から南側に延びる低温域は噴煙である．噴煙の温度が低いというのは不思議な気がするが，噴煙は周りの空気を取り込みながら上昇して膨張し，温度が下がる．南側山腹と北東側山腹に見られる線状の高温域は2002〜03年の溶岩流である．山頂部分にも幾つかの高温部が見られる．

図5.6は同じ領域をASTER/SWIRで夜間観測した温度分布である．SWIRは地表で反射された太陽光を観測することを目的として設計されたが，地表の温度が高い場合は地表の放射光を観測することもできる．SWIRで観測できる温度は80℃以上である．南側山腹に見られる線状の高温域は，活発な溶岩流に対応する．図5.5と比較することによって，幾つかに分岐する溶岩流のうち，北側の溶岩流が現在最も活動的であることがわかる．また，図5.5に見られる山頂の高温部のうち，西側の高温部はSWIRでも高温部として確認できることから最も活動的であることがわかる．

図 5.1 噴火中のエトナ火山の ASTER フォールスカラー画像（2002.12.30）
A：2002 年 10 月 26 日から流れ出した溶岩流，B：2002 年 10 月 27 日から流れ出した溶岩流，C：1981 年の溶岩流，D：1595 年の溶岩流，E：山腹火口の例．

図 5.2　エトナ火山山頂噴火の様子（1999.10.29，（独）産業技術総合研究所　大熊茂雄氏撮影）

図 5.3　図 5.1 の山頂部分の拡大

■ 文　献

Neri, M., Acocella, V. and Behncke, B.（2004）：The role of the Pernicana Fault System in the spreading of Mt. Etna（Italy）during the 2002-2003 eruption. Bulletin of Volcanology, 66：417-430（with kind permission of Springer Service and Bussiness Media）.

脇田　宏・藤井直之・野津憲治（1992）：エトナ火山の溶岩流制御作戦．科学，62：582-589．

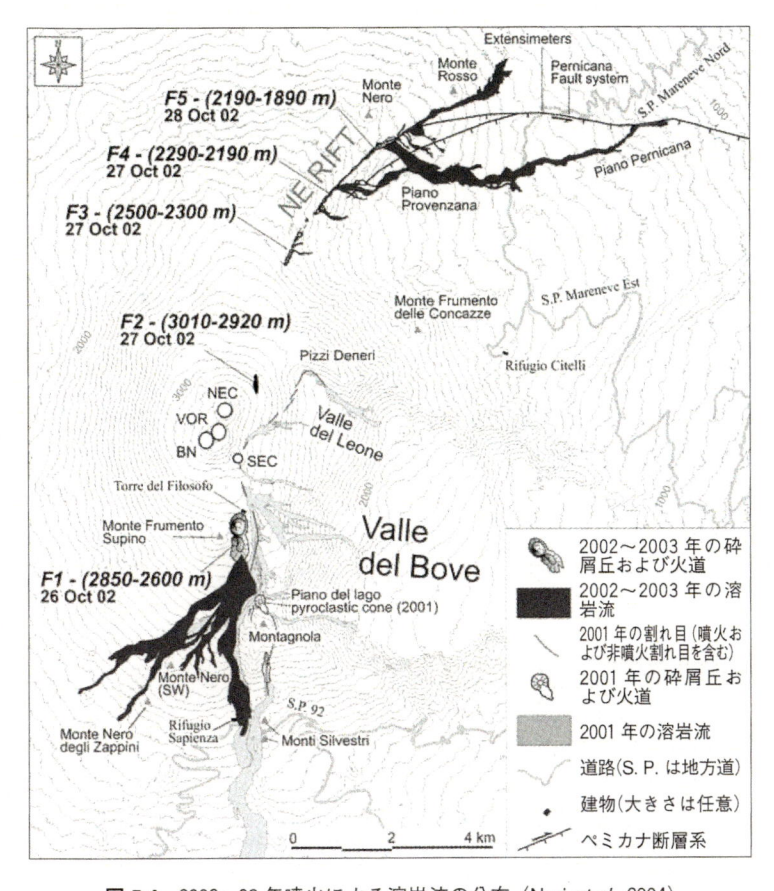

エトナ火山──最古の噴火記録を持つ地中海の活火山　31

図 5.4　2002～03 年噴火による溶岩流の分布（Neri *et al*., 2004）

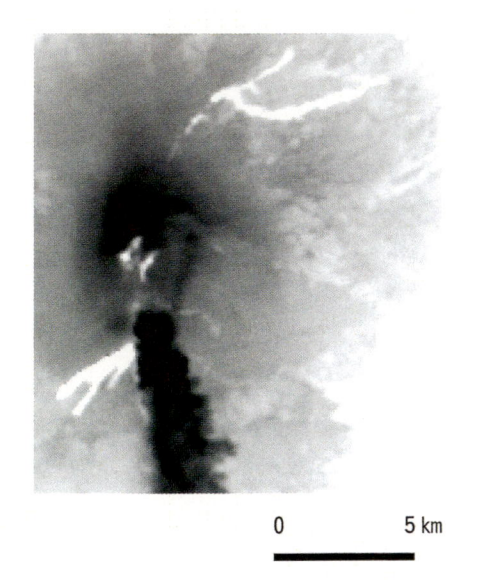

図 5.5　噴火中のエトナ火山の ASTER/TIR による温度分布図（2002.11.28）明るい部分が高温部分．

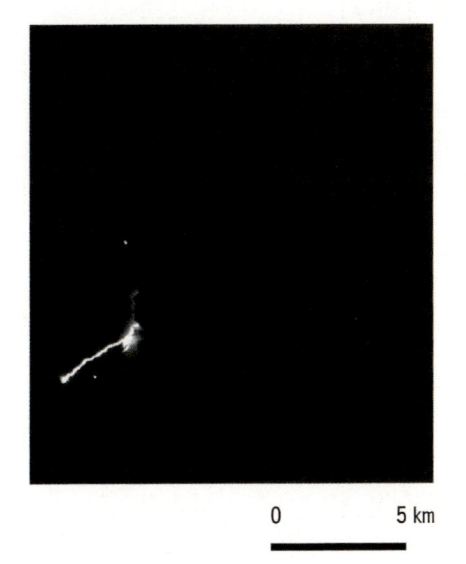

図 5.6　噴火中のエトナ火山の ASTER/SWIR による温度分布図（2002.11.28）明るい部分が高温部分．

6 エレバス島
——極寒の地で火を噴き続ける火山

　南極大陸の西半球側の南極半島，マリー・バードランド，ビクトリアランドの3地域では，活発な火山活動が多く見られる（高波，2001）．それらの地域を中心に10以上もの火山が確認されている．その中でも，ビクトリアランド地域のロス島にあるエレバス山（南緯77°32′，東経167°10′）は，最も活発な火山の1つである．ロス島は，エレバス山（標高3,794 m）の北にあるバード山（標高1,766 m），東のテラ・ノバ山（標高2,130 m），テラ山（標高3,262 m）からなる火山列を擁する火山島である（図6.1）．3,000 mを越すエレバス山周辺は，平均気温が冬季で約ー60℃，夏季でも約ー20℃と，一年中氷点下にある極寒の地である．

　エレバス山は，1841年イギリスのジェームス・ロス（James Clark Ross）探検隊により，活発な活動をしている火山として発見された．山名は，ロス探検隊の船「エレバス」にちなんで名づけられたものである．さらに，エレバス山への初登頂は，1908年にイギリスのアーネスト・シャクルトン（Ernest Shackleton）隊によって成し遂げられた．それらの南極探検によって知られるようになったエレバス山の火山活動は，その後科学的な観測の対象となり，1980年代後半には日本・アメリカ合衆国・ニュージーランドによる国際的な共同観測プロジェクト「エレバス火山国際地震研究（IMESS：International Mount Erebus Seismic Study）」が実施された（高波，2001）．現在では，ニューメキシコ工科大学エレバス火山観測所（MEVO：Mt. Erebus Volcano Observatory）により，二酸化硫黄などの火山ガス観測や地震計のネットワークによる火山性地震の常時観測など，総合的な火山観測が続けられている．

　エレバス山は富士山と同じ成層火山であり，比較的短い間隔で周期的に火口からマグマの破片や火山弾などを放出するストロンボリ式の噴火を繰り返している．山頂付近には，その噴火の歴史を物語る複数のカルデラ（火山地域に見られる大きな円形またはそれに近い形の火山性の凹地）が見られる（図6.2）．1998年12月18日に撮影された写真（図6.3）からは，カルデラ内部で噴気を上げている山頂付近の様子をうかがうことができる．図6.4は，カルデラ内における溶岩の分布と，現地で採取された試料より得られた年代（1,000年単位）を示したものである（Harpel et al., 2004）．このような厳しい気象条件での調査結果から，エレバス山の火山活動の歴史が解明されようとしている．

　山頂部には2つの火口があり，そのうち噴気を上げているメイン・クレータと呼ばれているものには，フォノライト（アルカリ長石とかすみ石を含む火山岩）の溶岩湖が認められている．その大きさはおよそ直径10〜40 m程度で，クレータ内の北東側に位置し，MEVOによれば，900〜1,130℃の温度が報告されている．ASTERデータより求めた地表面温度（図6.5）においてもメイン・クレータの北東端に位置する4つの画素（1画素は90×90 m）の温度が周辺に比べ高く現れており，地上700 kmの宇宙から極寒の地の火山活動をうかがうことができる．

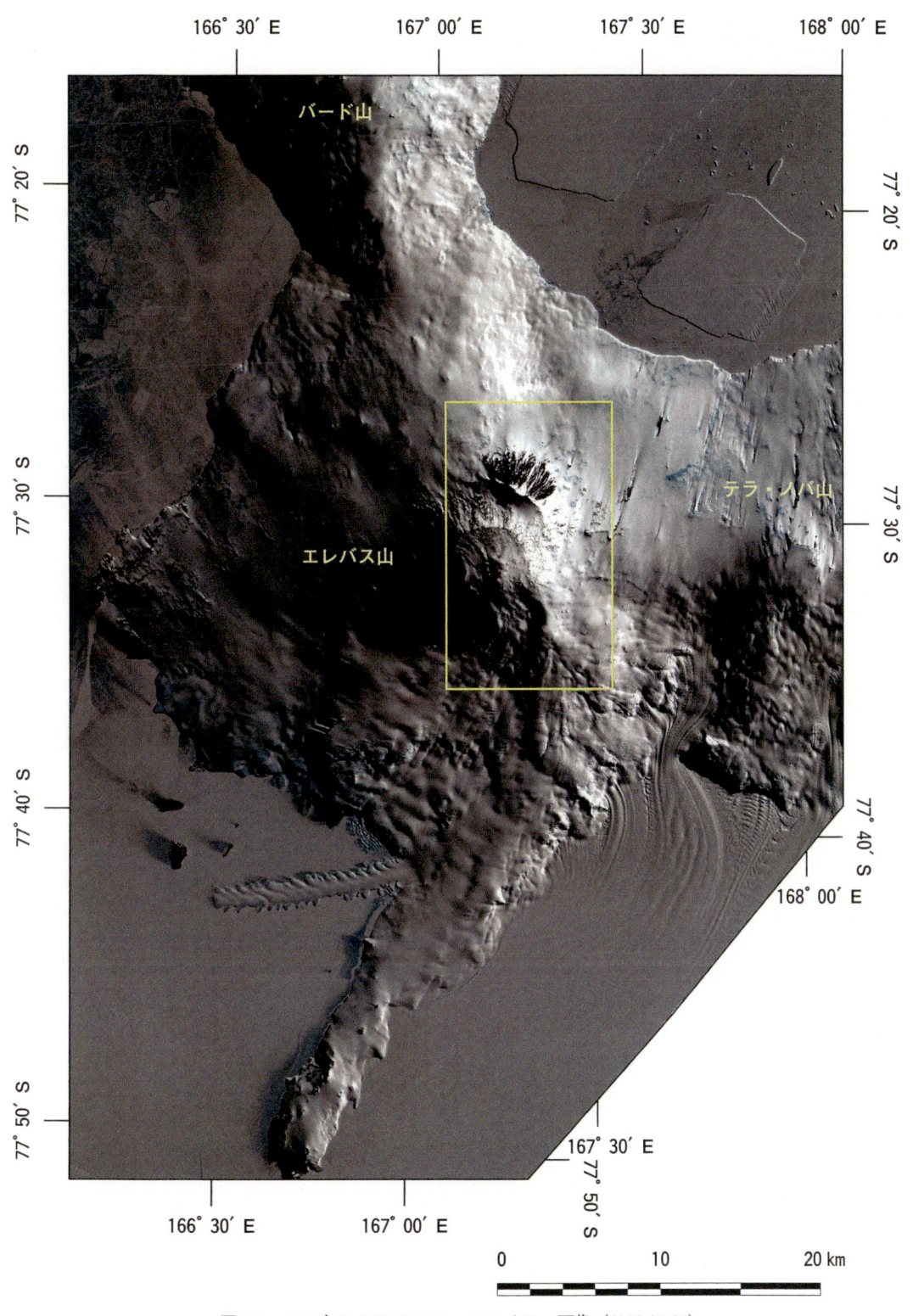

エレバス島──極寒の地で火を噴き続ける火山 33

図 6.1 ロス島の ASTER フォールスカラー画像（2001.10.20）

■ 文献

Harpel, C. J., Kyle, P. R., Esser, R. P., McIntosh, W. C. and Caldwell, D. A.（2004）：40Ar/39Ar dating of the eruptive history of Mount Erebus, Antarctica: summit flows, tephra, and caldera collapse. *Bulletin of Volcanology*, 66(8)：687-702.

高波　鐵夫（2001）：ロス島エレバス火山での地震観測．月刊地球，号外 35 号：77-86.

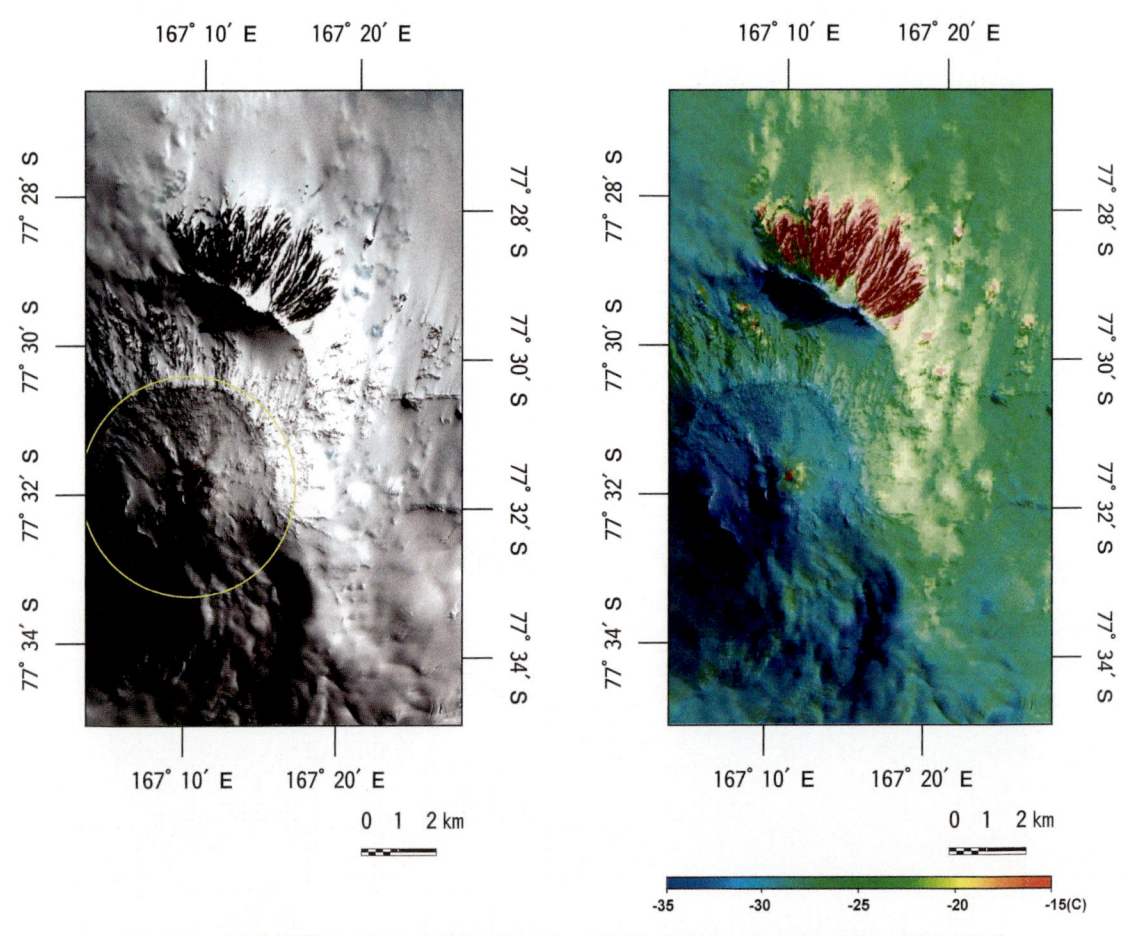

図 6.2　エレバス山周辺（図 6.1 で黄色の枠で示した範囲）を拡大した ASTER 画像（2001.10.20）
左図：ASTER フォールスカラー画像．右図：ASTER 熱赤外域データから求めた地表面温度を近赤外域データ（バンド 3）に重ねて表示した画像．

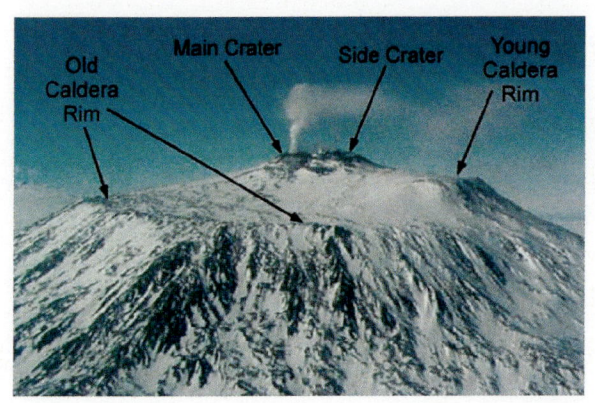

図 6.3　エレバス山頂付近の航空写真（北～北西面を 1998.12.18 に撮影（Harpel *et al.*, 2004））

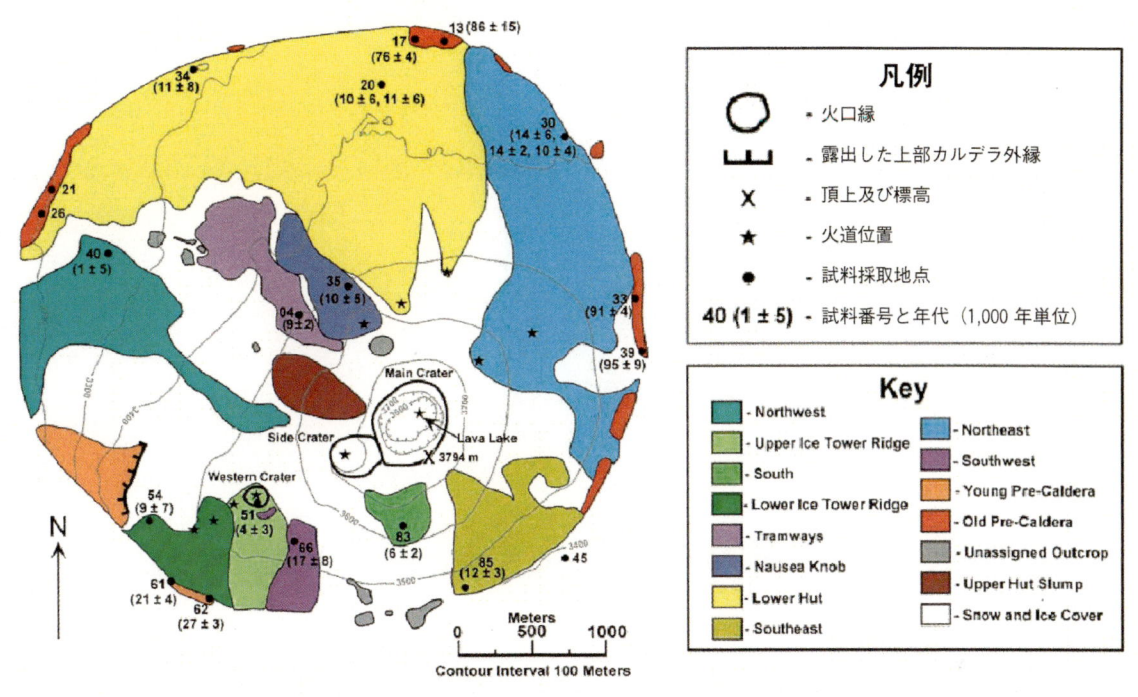

図 6.4　エレバス山山頂付近（図 6.2 左図の黄色の円で示したカルデラの範囲）の地質図（Harpel et al., 2004）

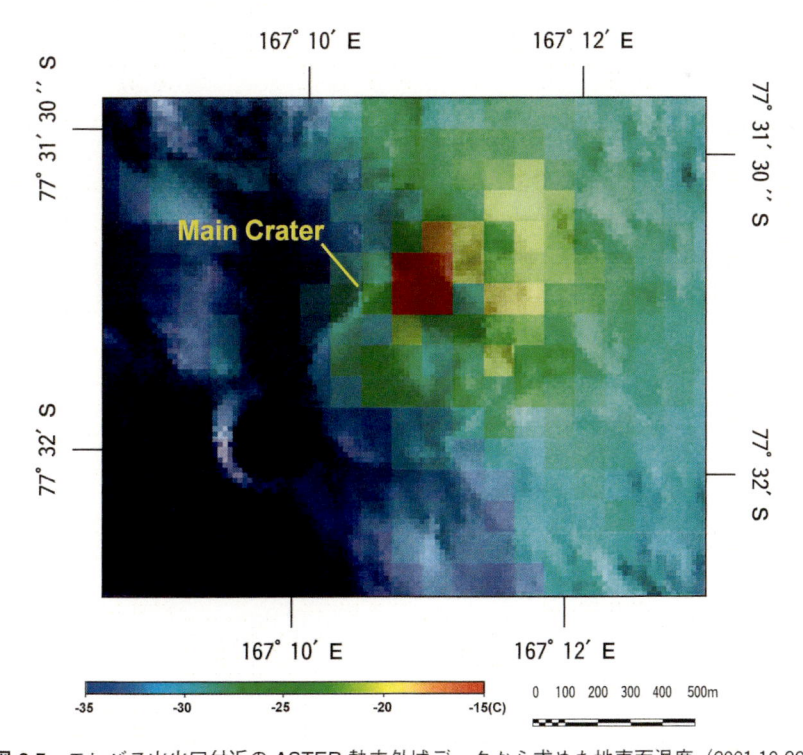

図 6.5　エレバス山火口付近の ASTER 熱赤外域データから求めた地表面温度（2001.10.20）

II

いにしえの地球史を探る

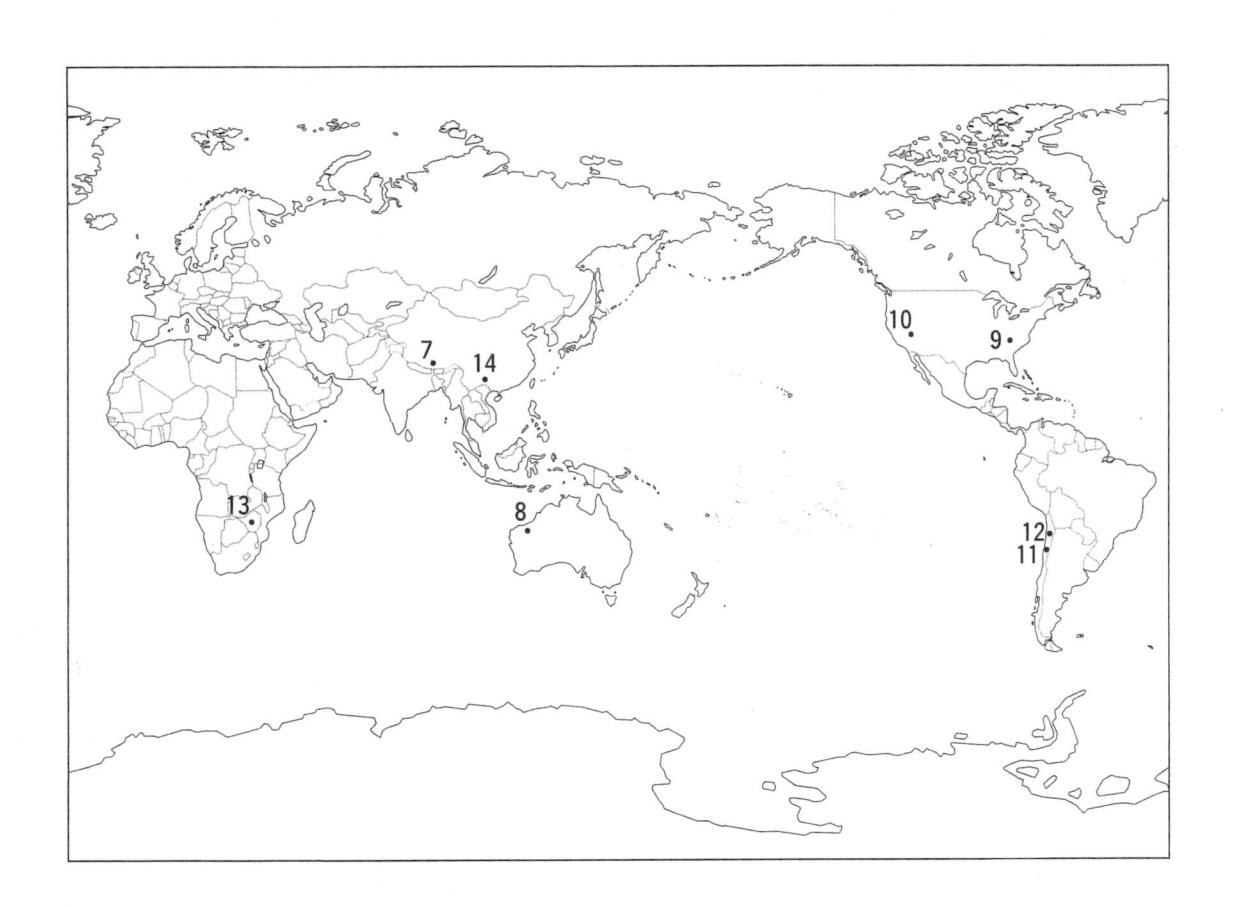

7 チベット高原
——地下深部の情報を語るオフィオライト

　オフィオライトとは，マントル〜海洋地殻の断片が地殻変動によって地表に現れた岩石群の総称である．その構成要素は，下位層から順に，マントル起源と見なされる超苦鉄質岩，マグマの結晶分化による斑レイ岩，海洋底の拡大で形成された苦鉄質貫入岩層・岩脈群，マグマの噴出による枕状・杏仁状玄武岩であり，一般に海洋性堆積物（特に放散虫チャート）を伴う．多くの場合，地殻変動の過程で一部の構成要素が失われている．

　オフィオライトは，次の2点において科学的に重要である．すなわち，第一に，それはかつて大洋が存在した場所を表すので，プレートの移動離合の歴史を知る上で，極めて重要な鍵となる．第二に，アクセスが不可能な現在の深部海洋地殻や上部マントルについての情報を，地表の観察から得ることができる点である．

　主要構成要素に欠落のないオフィオライトで，規模の特に大きなものとしては，オマーンのオフィオライトがよく知られている（Nicolas et al., 1988）．しかし，ここで示すチベット高原のオフィオライトは，厚さこそオマーンのオフィオライトに劣るが，チベット南部を西から東に流れるヤルツァンボ江流域に全長約1,400 kmもの長距離にわたって地表に露出しており，リモートセンシングでの観測・研究に適している．当オフィオライト帯は，インドプレートとユーラシアプレートの衝突に起因するインダス-ヤルツァンボ縫合帯に位置しており，かつてその間に海が広がっていたことを表している．かつて両大陸プレート間に存在した海洋プレートがユーラシアプレートの下に沈み込んでいたが，第三紀に始まった大陸の衝突により海洋プレートは消滅し，両大陸プレート間の収斂運動が支配的となった．現在に至るその収斂運動によりヒマラヤ山脈やチベット高原を生じている．当オフィオライトは，かつて沈み込んでいた海洋プレート（マントル〜海洋地殻）の断片が，大陸間の衝突によって縫合帯に搾り出されたものである（Nicolas et al., 1981）．図7.2にチベットにおけるオフィオライト帯分布図を示す．ここでは，ヤルツァンボ江オフィオライト帯において最も研究事例の多いシガツェ〜バイナン地域におけるASTER画像（2シーンをモザイク処理）を紹介する．図7.3に同地域の地質図（Wang et al., 1984）を示す．オフィオライト帯の北側に露出するシガツェ層群（K_2）は，かつての海盆に堆積したフリッシュであり，オフィオライトを整合に覆う．さらに北側には，海洋プレートの沈み込みに伴う深成活動で形成されたガンディゼ花崗岩帯が存在する（Nicolas, 1989）．南側のヒマラヤに向けて広がるより古い時代の海洋性堆積層（T_3）は，オフィオライトと不整合関係にある．図7.3上に示したポイントにおいて撮影した枕状玄武岩の露頭（近景）・苦鉄質〜超苦鉄質岩の山塊（遠景）を図7.4に示す．

　図7.1にASTERフォールスカラー画像を示す．オフィオライト帯，特に超苦鉄質岩類がやや暗色に表されているのが特徴的であるが，オフィオライトの構成岩石である火成岩類は可視〜近赤外波長領域にスペクトル特性上の特徴が少ないため，この画像から得られる岩相情報は多くない．図7.5および図7.6にASTER熱赤外バンドのデータを処理した画像を示す．図7.5は対象岩石・鉱物の分光特性から定義された石英指標，炭酸塩鉱物指標，苦鉄質指標（二宮・傳, 2002）をそれぞれ赤，緑，青に割り当て

図 7.1 ASTER フォールスカラー画像（2001.12.13（西側）と 2000.11.1（東側），Level-3A データのモザイク）地質情報（図 7.3）の一部を文字記号で示す．

たカラー合成画像であり，オフィオライトの苦鉄質～超苦鉄質岩の領域が青紫色に，オフィオライトの上位や下位にある海洋堆積層の一部（主にチャートの領域）が赤色に，方解石を比較的多く含む領域（主にシガツェ層群の部分的領域）が明緑色に表現されているが，定性的な処理法による画像であり，シーンによって色彩が多少変化することに留意すべきである．図7.6は苦鉄質指標の白黒濃淡画像上に石英および方解石が主成分である可能性が高い画素をそれぞれ赤，黄で表現した画像（Ninomiya et al., 2005）である．当画像の濃淡情報から超苦鉄質域と苦鉄質域が明瞭に区分されており，これは図7.2に示した地質図とよく合致している．

放散虫チャート（radiolarian chert）：主に珪質微化石である放散虫からなる堆積物の固結によって硬く緻密な層状堆積岩の一種．

■ 文　献

Nicolas, A. (1989)：*Structures of Ophiolites and Dynamics of Oceanic Lithosphere*, Kluwer Academic Publishers, Dordrecht.
Nicolas, A., Ceuleneer, G., Boudier, F. and Misseri, M. (1988)：A structural mapping of the Oman ophiolites：mantle diapirism along an ocean ridge. *Techtonophysics*, 151：27-56.
Nicolas, A., Girardeau, J., Marcoux, J., Dupre, B., Wang, X., Cao, Y., Zhen, H. and Xiao, X. (1981)：The Xigaze ophiolite (Tibet)：a peculiar oceanic lithosphere. *Nature*, 294：414-417.
Ninomiya, Y., Fu, B. and Cudahy, T. J. (2005)：Detecting lithology with Advanced Spaceborne Thermal Emission and Reflection Radiometer (ASTER) multispectral thermal infrared "radiance at sensor" data. *Remote Sensing of Environment*, 99：127-139.
Wang, X., Xiao, X., Cao, Y. and Zheng, H. (1984)：*Geological Map of the Ophiolite Zone along the Middle Yarlung Zangbo (Tsangpo) River, Xizang (Tibet)*, Publishing House of Surveying and Mapping, Beijing.
佐藤信次・猪俣道也（1989）：青海チベット高原　地質とその成立，築地書館．
二宮芳樹，傳　碧宏（2002）：ASTER熱赤外データのバンド間演算による石英指標，炭酸塩鉱物指標，およびSiO$_2$含有量指標．日本リモートセンシング学会誌，22：50-61.

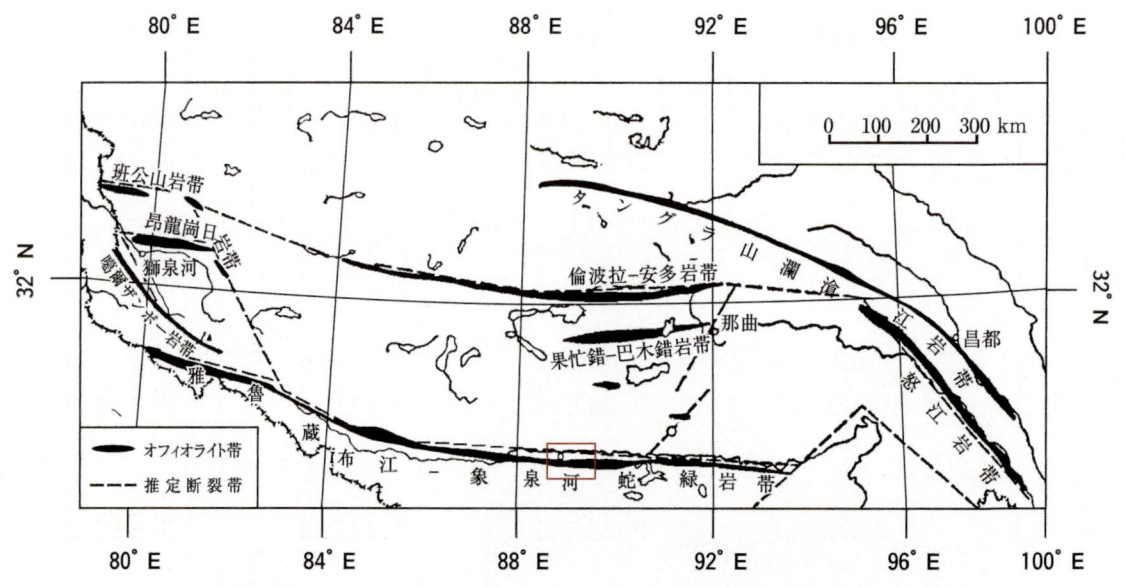

図7.2　チベットにおけるオフィオライト帯分布図（佐藤・猪俣，1989）
　　　　赤線の矩形で囲まれた範囲（シガツェ～バイナン地域）を対象とする．

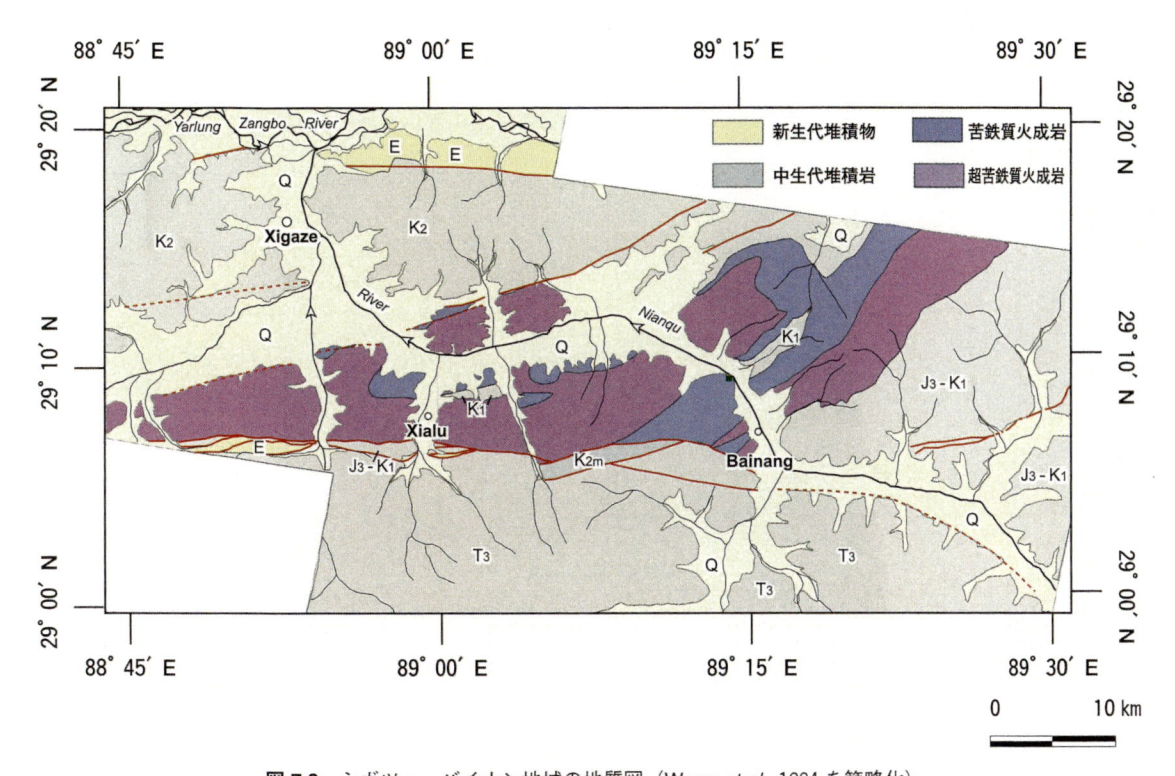

図 7.3 シガツェ～バイナン地域の地質図（Wang *et al.*, 1984 を簡略化）
85°15′E 近辺の緑色の四角マークは写真（図 7.4）の撮影ポイントを示す．赤線は断層，矢印は川の流れを示す．

図 7.4 枕状玄武岩の露頭（近景）・苦鉄質～超苦鉄質岩の山塊（北方遠景）

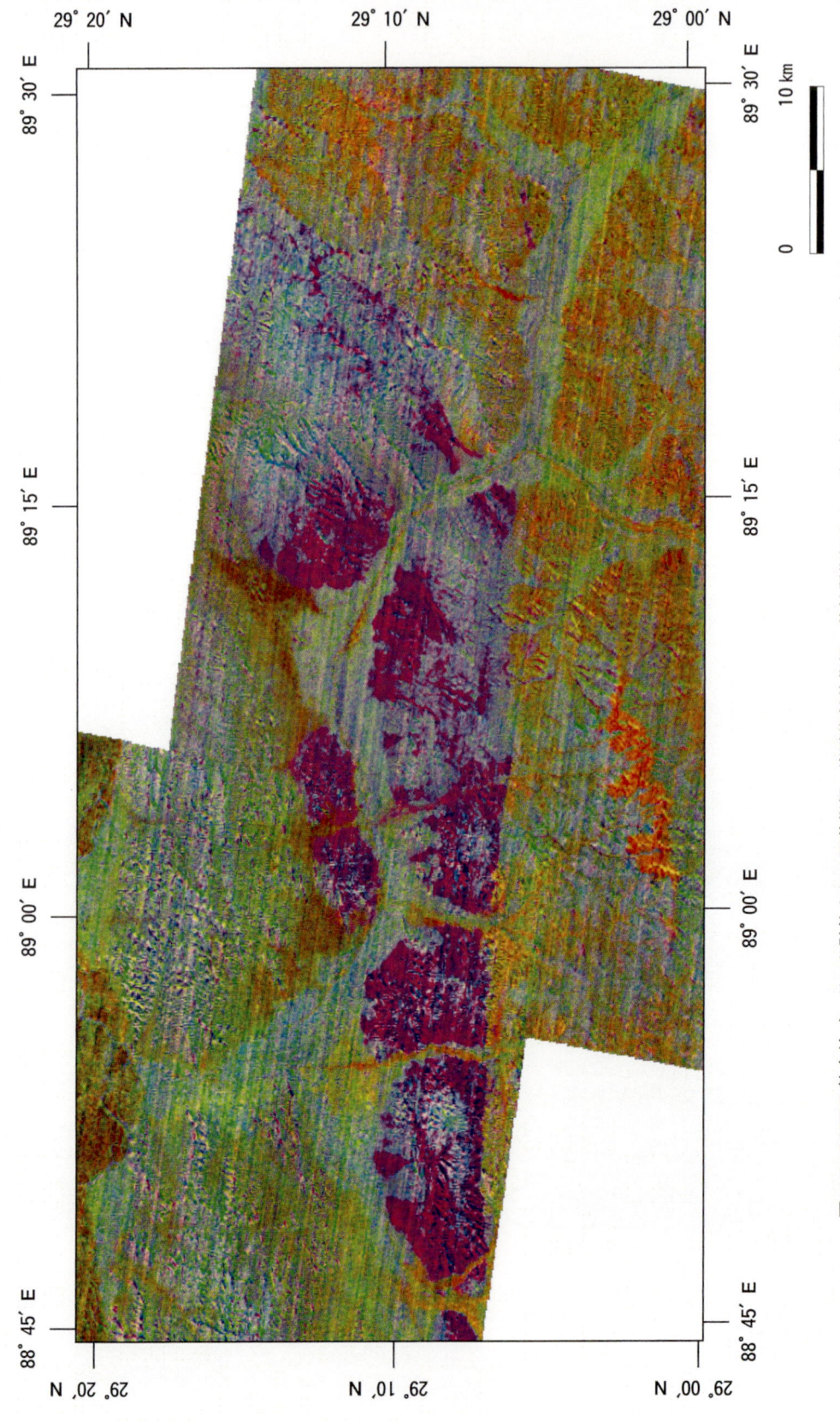

図 7.5 ASTER 熱赤外バンドから計算される石英指標，炭酸塩鉱物指標，苦鉄質鉱物指標をそれぞれ赤，緑，青に割り当てたカラー合成画像（2001.12.13（西側）と 2000.11.1（東側）のモザイク，Ninomiya et al., 2005）

チベット高原——地下深部の情報を語るオフィオライト　43

図7.6 苦鉄質指標の白黒濃淡画像の上に石英および方解石が主成分である可能性が高い画素をそれぞれ赤, 黄で表現した画像 (2001.12.13 (西側) と 2000.11.1 (東側) のモザイク, Ninomiya et al., 2005)

8 ピルバラ・グリーンストーンベルト
——オーストラリア大陸最古の地塊

　グリーンストーンベルトとは，先カンブリア紀（5.7億年より前の地質時代）の安定地塊（主に始生代の地塊）に分布する火山岩，火山砕屑物および堆積岩類などの緑色岩からなる地帯のことである．大量の花崗岩類を伴うのでグリーンストーン-花崗岩帯とも呼ばれる（地学団体研究会，1996）．
　グリーンストーンベルトは現在の安定陸塊（大陸）に見られ，本章で取り上げるピルバラ地塊もグリーンストーンベルトの1つである．
　ピルバラ地塊はオーストラリアで最も古い地塊であり，オーストラリアの北西端に位置する．形状は卵形で，南北に約400 km，東西に約600 kmの規模で地表に露出している．
　この地塊は初期〜後期始生代（37.2〜29.8億年前）の花崗岩類とグリーンストーンを基盤とし，これを不整合に覆う弱変成の火山岩類と堆積岩類からなる後期始生代〜前期原生代（27.7〜23.5億年）のマウントブルース超層群から構成される（図8.2）．
　マウントブルース超層群は，フォーテスキュー層群（27.7〜26.9億年前），ハマスレー層群（26.9〜24.5億年前）およびチューリークリーク層群（24.5〜23.5億年前）から構成される（図8.2）．
　マウントブルース超層群の中でもハマスレー層群は，縞状鉄鉱層（BIF：Banded Iron Formation）を含み，この鉄鉱層を採掘対象とする多くの鉄鉱山が存在することで世界的にも有名である．縞状鉄鉱層は連続性がよく，300 kmにわたり同じ層準を追跡することができる（清川，2000）．
　縞状鉄鉱層の成因に関しては多数の研究があるが，未解決の問題が多い．最近の研究では先カンブリア紀における地球環境の還元状態から酸化状態への変化に関わる大きなイベントとして捉えられている場合が多い（例えば川上，2000）．
　図8.1にロックリードーム地域のASTERフォールスカラー画像を示す．この図では，画像中央の楕円形を呈する地質帯がピルバラ地塊の基盤をなす花崗岩類とグリーンストーンであり，その周囲に褶曲構造を示す地質帯がマウントブルース超層群である．この地域ではピルバラ地塊を構成する層序の大部分を観察することができる．
　図8.3にASTER/DEMを利用した鳥瞰図を示す．この画像から本地域における地質帯の分布と地形の関係がよくわかる．すなわち，画像中央の盆地にピルバラ地塊の基盤岩である花崗岩類およびグリーンストーンがドーム状に分布し，盆地の周囲の小丘と山地にホグバックを呈するフォーテスキュー層群，ハマスレー層群およびチューリークリーク層群が覆う（図8.4）．
　図8.3の右に示されたハマスレー層群中に見られる緑色を呈する地質帯は，主に鉄酸化物からなる縞状鉄鉱層である．本画像上で縞状鉄鉱層が緑色を呈する理由は，縞状鉄鉱層に含まれる鉄酸化物がASTERのバンド1（0.52〜0.60 μm帯）とバンド3（0.76〜0.86 μm帯）に強い吸収特徴を持つため，光の3原色のうち赤（R）と青（B）が暗くなり，緑（G）が強く発色するためである．
　このようにASTERデータの画像解析は，多バンドのスペクトル情報を把握可能であること，またDEMを取得可能であることから，地表に露出する地質および地形の情報を容易に取得する手段の1つ

ピルバラ・グリーンストーンベルト——オーストラリア大陸最古の地塊　45

図 8.1　ロックリードーム地域の ASTER フォールスカラー画像（2004.9.26）

であることがわかる.

　ホグバック（hogback）：丸みを帯びた山稜が列をなし，横断面が対称的な丘陵地形.

■ 文　献

飯山敏道（1998）：地球鉱物資源入門，東京大学出版会，195 p.
石原舜三（2003）：西オーストラリアのピルバラ始生代地塊に見る花崗岩類と金属鉱床：特に酸化／還元状態の評価．地質ニュース，588：4-22.
川上紳一（2000）：生命と地球の共進化，NHKブックス，267 p.
清川昌一（2000）：マウントブルース超層群　西オーストラリア，ピルバラクラトン上に残る太古代・原生代境界の地球変動の記録．地質ニュース，553：7-21.
地学団体研究会編（1996）：新版 地学事典，平凡社，1468 p.

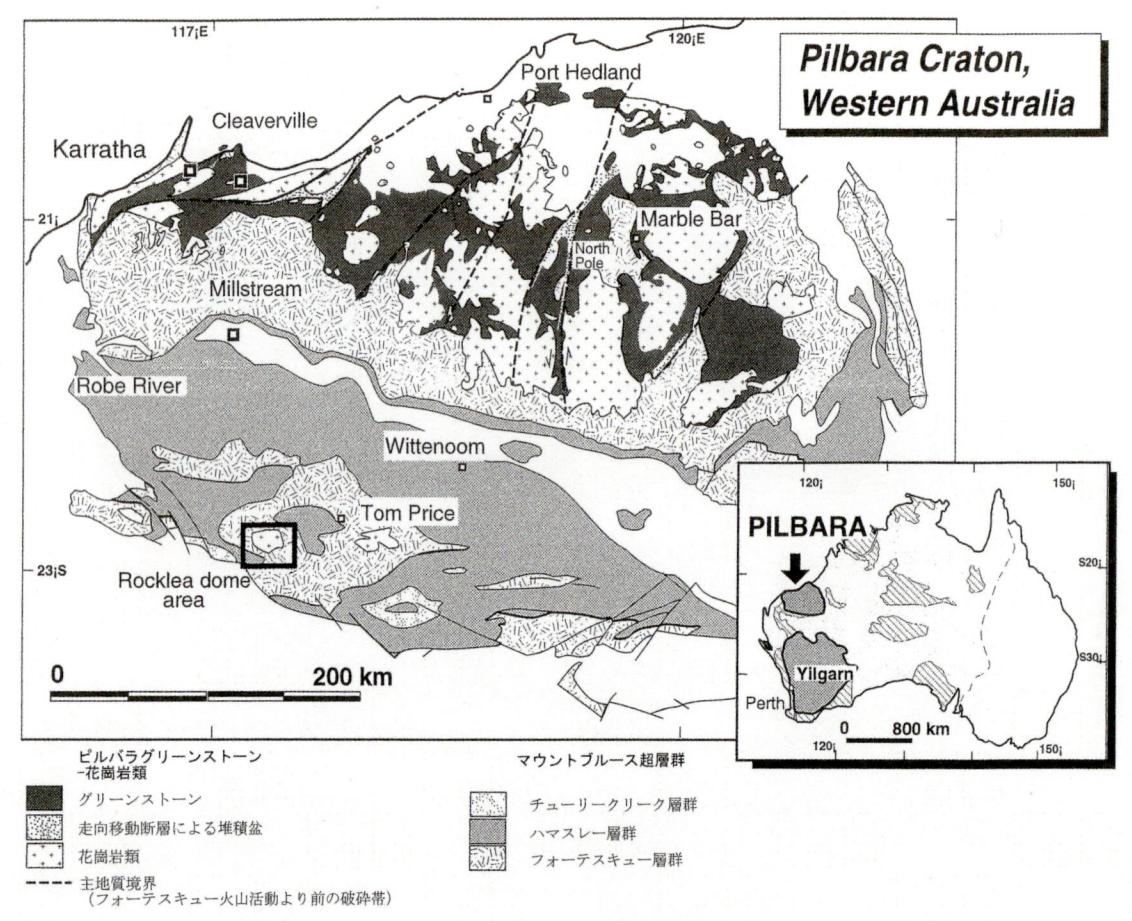

図 8.2　ピルバラ地塊の地質図（清川，2000）

ピルバラ・グリーンストーンベルト——オーストラリア大陸最古の地塊　47

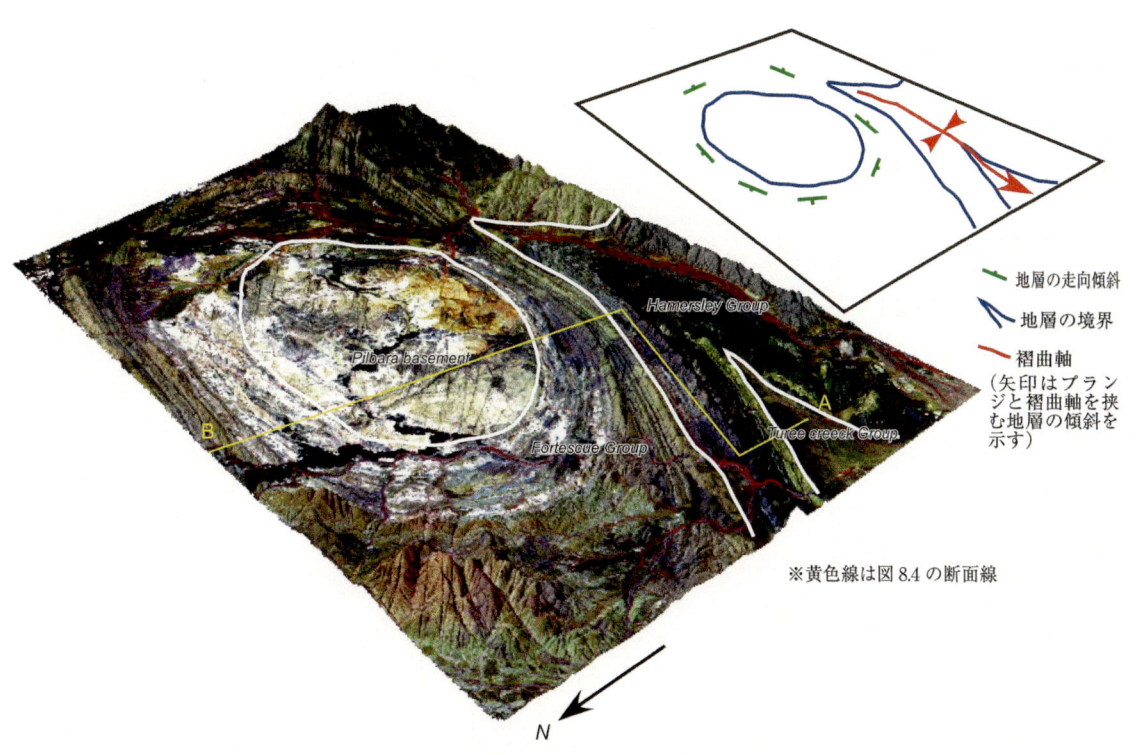

図 8.3　ASTER/DEM を利用した鳥瞰図（2004.9.26）

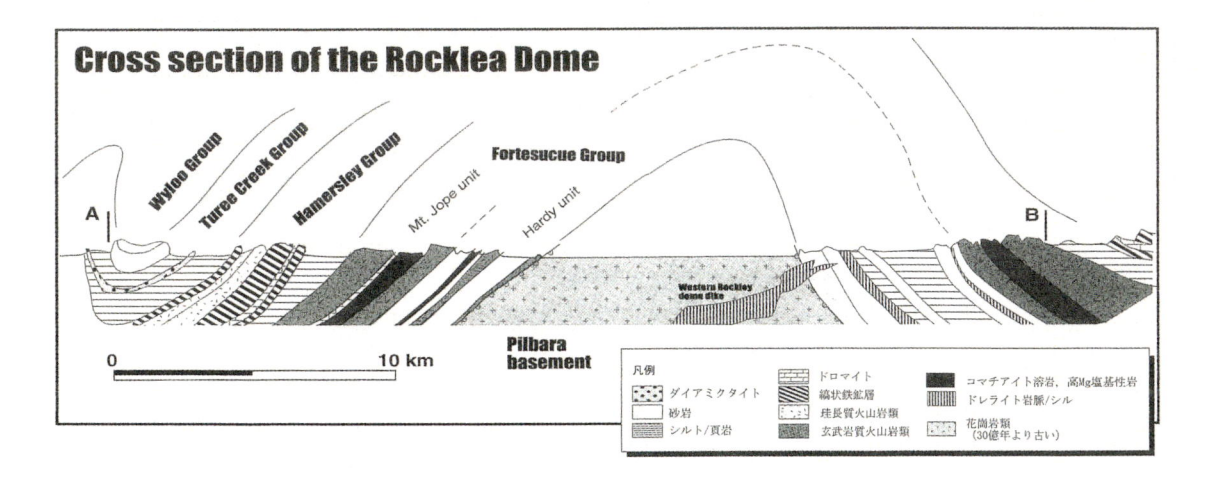

凡例：
- 地層の走向傾斜
- 地層の境界
- 褶曲軸（矢印はプランジと褶曲軸を挟む地層の傾斜を示す）

※黄色線は図 8.4 の断面線

Cross section of the Rocklea Dome

凡例：
- ダイアミクタイト
- 砂岩
- シルト/頁岩
- ドロマイト
- 縞状鉄鉱層
- 珪長質火山岩類
- 玄武岩質火山岩類
- コマチアイト溶岩，高Mg塩基性岩
- ドレライト岩脈/シル
- 花崗岩類（30億年より古い）

図 8.4　ロックリードーム地域の地質断面図（清川，2000）

9 アパラチア
──北米大陸の古き造山運動の跡

　アメリカ合衆国東海岸を北東-南西方向に約1,500 kmにわたって延びるアパラチア山脈は，地形的には北西側から順にバレーアンドリッジ（Valley and Ridge）地域，ブルーリッジ（Blue Ridge）地域，ピーモント（Piedmont）台地に区分される．この画像（図9.1）は，ペンシルバニア州の州都ハリスバーグ市の北東を撮像したもので，画像上部の約5分の3がバレーアンドリッジ地域，下部約5分の2がピーモント台地にあたる（この範囲ではブルーリッジ地域はほとんど分布しない）．バレーアンドリッジ地域では，その名のとおり細長い尾根（リッジ）と谷（バレー）とが交互に繰り返されている．画像では樹木に覆われた尾根は濃い緑色，耕作地の発達した谷は明るい緑色と白色のパッチ模様で表現され，特に北東-南西方向に長く伸びる尾根が印象的である．一方，ピーモント台地は，地形的に平坦で耕作地が広がる．

　図9.1の西半部の地質図を図9.2に示す．バレーアンドリッジ地域で尾根を形成しているのは，主に古生代デボン紀から石炭紀の砂岩・礫岩で，堅固で侵食されにくいため走向方向に突出した地形となって残っている．これらは図9.2では青系統の色で表現されている．一方，同時代の頁岩・シルト岩・石灰岩などは侵食されやすいため地形的に低い谷となる．図9.2では灰色や赤系統の色で表されている．黄色は第四紀の沖積層と崖錐堆積物である．このように当地域の地形には，岩石の種類による侵食に対する抵抗力の差がはっきりと現れている．

　図9.1の画像中央やや西では，スワタラ川がバレーアンドリッジ地域南縁の尾根を横切って，ピーモント台地に流れ出している．図9.4は，その付近（40°30′N，76°30′W）を南西方向から眺めた鳥瞰図であるが，樹々が繁った尾根と耕作地からなる谷が対照的である．スワタラ川が横切っている尾根は非対称な断面形状をしており，左（北西）側斜面は傾斜が一定で緩いのに対して，右（南東）側の斜面上部は地層断面が現れた急崖となっている．左（北西）側斜面は層理面からなるディップスロープで，この地層が北西傾斜であることを示す（図9.3）．こうしたディップスロープから地層の傾斜を確認しながら，尾根に現れた地層を追っていくと，この地域では背斜構造と向斜構造が繰り返し，全体として北東-南西方向の軸を持つ複雑な褶曲構造をなすことが判読できる．例えば図9.1の西部では，南西側に開いたV字型の形状が2つ見られる．いずれも地層はV字の外側に向けて傾斜していることから，褶曲軸が北東方向にプランジした背斜構造であることがわかる．南側の背斜の軸部（40°30′Nのマークの東側）には，侵食に強いデボン紀から石炭紀初期の礫岩・砂岩が分布し，幅広い尾根をつくっている．図9.5は，この部分を西方向から眺めた鳥瞰図である．これらの2つの背斜の間には，北東方向に小さい角度でV字型に開いた尾根が分布し，北東にプランジした向斜軸の存在を示す．

　ところで図9.4で示したスワタラ川が横切る尾根では，地層は北西傾斜であった．図9.5の画像右下部の背斜構造の南東側（画像では上側）では，地層は南東傾斜である．スワタラ川が横切る尾根はそのさらに南東であるが，両者の傾斜方向は逆であることから，これらの間にも向斜軸が存在することになる．向斜軸は，図9.4の中央やや左側の平行した3本の尾根のうち，左（北西）側から1本目と2本目

アパラチア——北米大陸の古き造山運動の跡　49

図 9.1　アメリカ合衆国ペンシルバニア州ハリスバーグ北東の ASTER ナチュラルカラー画像（2001.10.5）

の間にあり，これら2本の尾根は同じ層準の地層からなる．このようにASTER画像上の地形情報から，地質構造に関する情報をかなり得ることができる．こうした褶曲構造が明瞭に現れた地形のことを「アパラチア式地形」と呼ぶこともある．先カンブリア紀末期から古生代にかけて，現在のアパラチア地域の場所には海が存在し，現在この地域で見られる地層がそこに堆積していた．その後，北米大陸とアフリカ大陸はプレート運動によって近づき，古生代末の石炭紀後期からペルム紀（約3億4,000万～2億5,000万年前）に衝突した．アパラチア地域の褶曲構造は，このときに形成されたと考えられている．

崖錐（talus）：崖の麓に崩落した岩屑が急傾斜をなして堆積し形成した円錐状の地形．
ディップスロープ（dip slope）：組織地形の一種で，地層面の作る斜面ないし地層の傾斜に調和的な斜面．
背斜（anticline）・向斜（syncline）：地層が波状に変形してできる褶曲構造のうち，背斜は山に当たる部分で，向斜は谷に当たる部分．
プランジ（plunge）：線的構造要素（例えば褶曲軸）の沈下方向が水平面となす角．

■ 文　献

Trexler, J.P. and Wood, G.H.（1968）：*Geologic Map of the Klingerstown quadrangle, Northumberland, Schuylkill, and Dauphin Counties, Pennsylvania*, U.S. Geological Survey.
Trexler, J.P. and Wood, G.H.（1968）：*Geologic Map of the Lykens quadrangle, Dauphin, Schuylkill, and Lebanon Counties, Pennsylvania*, U.S. Geological Survey.
Trexler, J.P. and Wood, G.H.（1968）：*Geologic Map of the Valley View quadrangle, Schuylkill, and Northumberland Counties, Pennsylvania*, U.S. Geological Survey.
Wood, G. H.（1968）：*Geologic Map of the Tower City quadrangle, Schuylkill, Dauphin, and Lebanon Counties, Pennsylvania*, U.S. Geological Survey.
Wood, G. H. and Kehn, T.M.（1968）：*Geologic Map of the Pine Grove quadrangle, Schuylkill, Lebanon, and Berks Counties, Pennsylvania*, U.S. Geological Survey.
Wood, G. H. and Trexler, J.P.（1968）：*Geologic Map of the Tremont quadrangle, Schuylkill and Northumberland Counties, Pennsylvania*, U.S. Geological Survey.
柴田　彰（1988）：ハリスバーグ／ペンシルバニア．理科年表読本「宇宙から見た地球」，丸善，pp.54-57.

図9.2　図9.1の西半部の地質図
アメリカ合衆国地質調査所発行の1：24,000地質図を6枚つないだもの．

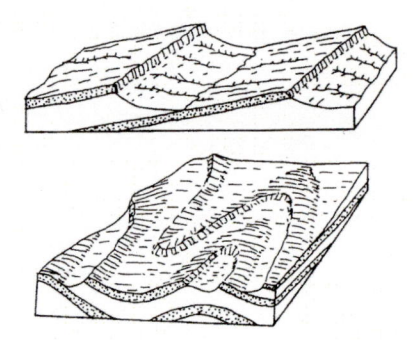

図9.3　ディップスロープと褶曲構造

図 9.4 ASTER 画像と DEM データから作成した鳥瞰図（2001.10.5）
図 9.1 の中央西部（40°30′N，76°30′W 付近）を南西方向から眺めたもの．

図 9.5 ASTER 画像と DEM データから作成した鳥瞰図（2001.10.5）
図 9.1 の北西部を西方向から眺めたもの．

10 キュプライト
——ネバダの砂漠に眠る鉱物標本箱

　キュプライトはアメリカ合衆国ネバダ州南部のグレートベースン（ベースンアンドレンジ）地域にあり，同州のゴールドラッシュを担ったゴールドフィールドの南東約 17 km に位置する（図 10.1）．グレートベースンといってもひとつの盆地ではなく，図 10.2 に見られるように南北に伸長した地溝と地塁（ベースンアンドレンジ）が繰り返し続く地形を有する地域である．有名なラスベガスからは西方に車で 3 時間ほどの砂漠地域に，気をつけていないと通り過ぎてしまうような取り立てて特徴のない丘陵がある．州間道 95 号線を挟んで位置する，この 2 つのなだらかな丘を含む周辺地域をキュプライトと呼ぶ（図 10.2～図 10.4）．キュプライト（Cuprite）とは本来赤銅鉱（Cu_2O）の意であるが，なぜこの地域をキュプライトと呼ぶようになったのかは，残念ながら筆者には不明である（特段に赤銅鉱が多く産したという記載は，どこにも見当たらない）．記録によれば探鉱の対象としてのキュプライトが発見されたのは 1905 年（Joseph, 1998）で，キュプライトの地質が最初に記載されたのはボール（Ball, 1907）によってである（Resmini *et al.*, 1997）．ゴールドフィールドがネバダ州最大の人口（3 万人）を有して全盛を誇ったのがまさに 1907 年頃であったから，近傍のキュプライトも活発に探鉱がなされたのは想像に難くない．キュプライトを訪れると多くの探鉱跡が見られるが，実際の稼鉱実績は珪酸鉱物やカオリン（陶土）などがわずかに産出されたのみである（Resmini *et al.*, 1997）．

　キュプライトがいかに目立たないかという側面ばかりを述べてしまったが，ここでキュプライトを取り上げたのにはもちろん理由がある．理由はこの地域に見られる熱水変質による鉱物分布状況にある．

　キュプライトには第三紀の流紋岩質凝灰岩，フェルサイト岩脈，玄武岩が主に分布し，その他にはカンブリア紀のシルト岩，オルソコーツァイト，石灰岩，チャートが分布する．これらすべての岩石・地質が熱水変質を受けており，周辺の沖積層は熱水変質を被っていないことから，熱水による変質は 700 万年前以降から第四紀以前に起きたと考えられる（Abrams *et al.*, 1977）．

　この熱水変質の分帯がキュプライトでは概ね 3 つあり，図 10.4 に示すようにそれらがほぼ同心円状に累帯しているのが特徴である．同心円の中心部が珪化帯で，石英が大部分であるが，若干の明礬石，カオリナイト，方解石を含む．その外側に最も広く分布しているのがオパール化帯で，明礬石，オパール，方解石，カオリナイトを含む．さらに外側に点在するのが粘土化帯で，モンモリロナイトを主体に若干のオパールを含む（Abrams *et al.*, 1977）．

　このような特徴的な鉱物分布が狭い範囲に植生の影響なく露出しているため，様々な観測センサや画像処理・解析アルゴリズムの検証地として 1970 年代から多くの研究の対象とされてきた．

　ASTER/VNIR（可視近赤外）センサでキュプライト地域を観測した画像からは，上述したような熱水変質の特徴を明瞭に捉えることはできない（図 10.5）．ところが，熱水変質によって生成される粘土鉱物は SWIR（短波長赤外）域で特徴的な吸収帯を持つため，その吸収を強調すると図 10.6 のように粘土鉱物の分布が赤色を呈して明瞭に現れる．一方，熱水変質による珪化帯は粘土鉱物に乏しいため，図 10.6 の処理では赤く発色しない．図 10.4 に示した変質分帯図と図 10.6 の赤色領域を比較すると，その

図 10.1 キュプライト（左上の枠内）を含む ASTER フォールスカラー画像（2003.7.13）

分布がよく一致することがわかる．

また，ASTER が有する VNIR と SWIR の合計 9 つのバンドを利用することによって，分光反射に特徴のある粘土鉱物種ごとの分布域を推定することができる．図 10.7〜図 10.10 に明礬石，カオリナイト，モンモリロナイト，および方解石の分布を SAM 法（Spectral Angle Mapper 法）を用いて推定した画像を示す（教師スペクトルは USGS スペクトルライブラリー）．これらの粘土鉱物は金属鉱床と密接な関係があるため鉱床探査ではその分布を把握することが大変重要であるが，ASTER データを用いれば現地に行かずとも予察的にその分布を推定することが可能であり，経済的にも時間的にも重要なメリットをもたらす．

フェルトサイト（felsite）：珪長岩．ほとんどが微粒の珪長鉱物（石英やアルカリ長石）の集合からなる緻密な火成岩．

オルソコーツァイト（orthoquartzite）：ほとんど円磨された石英粒子と石英のセメントからなる砂岩．

モンモリロナイト（montmorillonite）：粘土鉱物の一種で，酸性火山岩や火山砕屑岩の熱水変質や風化によって生成．

■ 文　献

Abrams, M. J., Ashley, R. P., Rowan, L. C., Goetz, A. F. H. and Kahle, A. B.（1977）：Use of imaging in the 0.46-2.36 μm spectral region for alteration mapping in the Cuprite mining district, Nevada. *U. S. Geological Survey open-file report*：pp.77-585.

Ball, S. H.（1907）：A Geologic Reconnaissance in Southwestern Nevada and Eastern California, *U. S. Geological Survey*, Bulletin 308.

Joseph, V. T.（1998）：Mining districts of Nevada. *Nevada Bureau of Mines and Geology Report 47*（2nd ed.）, Mackay School of Mines, University of Nevada, Reno.

Resmini, R. G., Kappus, M. E., Aldrich, W. S., Harsanyi, J. C. and Anderson, M.（1997）：Mineral mapping with HYperspectral Digital Imagery Collection Experiment（HYDICE）sensor data at Cuprite, Nevada, USA. *International Journal of Remote Sensing*, 18（7）：1553-1570.

図 10.2　アメリカ合衆国中西部地形概略図

ネバダ州とユタ州西部を中心に南北方向に地塁と地溝が並走している．このような地形を持つベーズンアンドレンジ地方はメキシコ北部にまで広がっているが，特にこの図に示した地域がグレートベーズンと呼ばれている．

図 10.3　キュプライト東側丘（1994 年 9 月撮影）

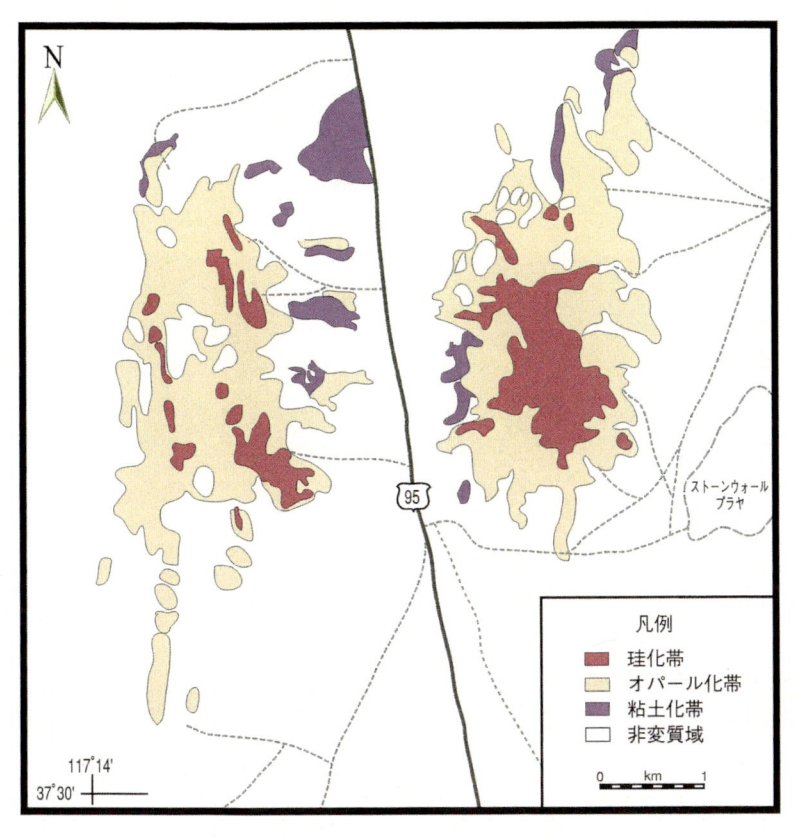

図10.4 キュプライト変質分帯図（Resmini *et al.*, 1997 より改変）

凡例
- 珪化帯
- オパール化帯
- 粘土化帯
- 非変質域

図10.5 キュプライトのASTERフォールスカラー画像（2003.7.13）
中央を北北西に走るのが州間道95号線．その東西にやや白色に見えるのがキュプライトの丘である．このように可視近赤外域では明瞭な特徴は得られない．

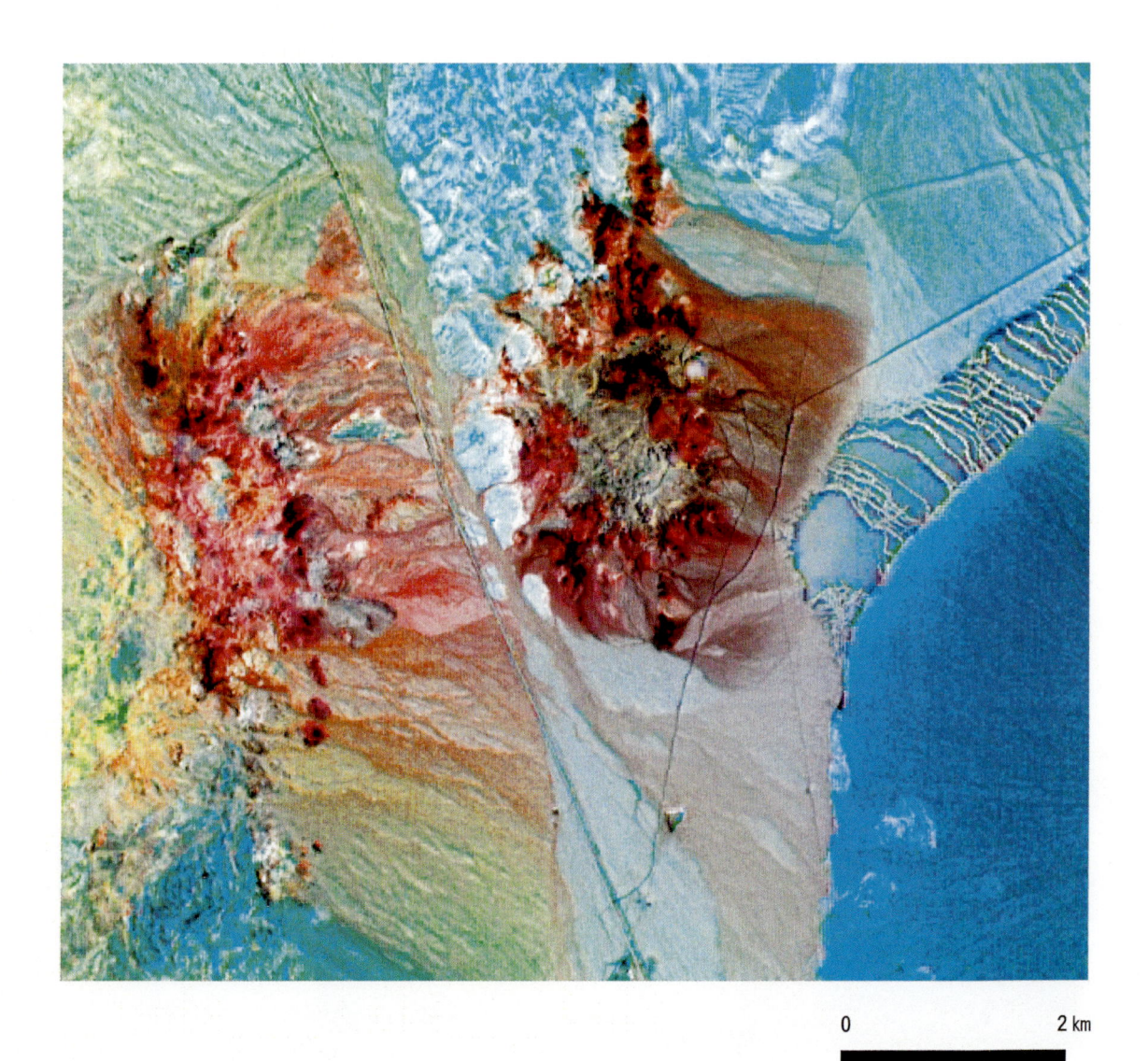

図 10.6 ASTER 短波長赤外バンドを用いたログレジデュアル画像（2003.7.13，B：G：R＝9：5：4）熱水変質によって生成された粘土鉱物分布域が赤く発色している．丘の中央部に分布する珪化帯は赤く発色していないことに注目．

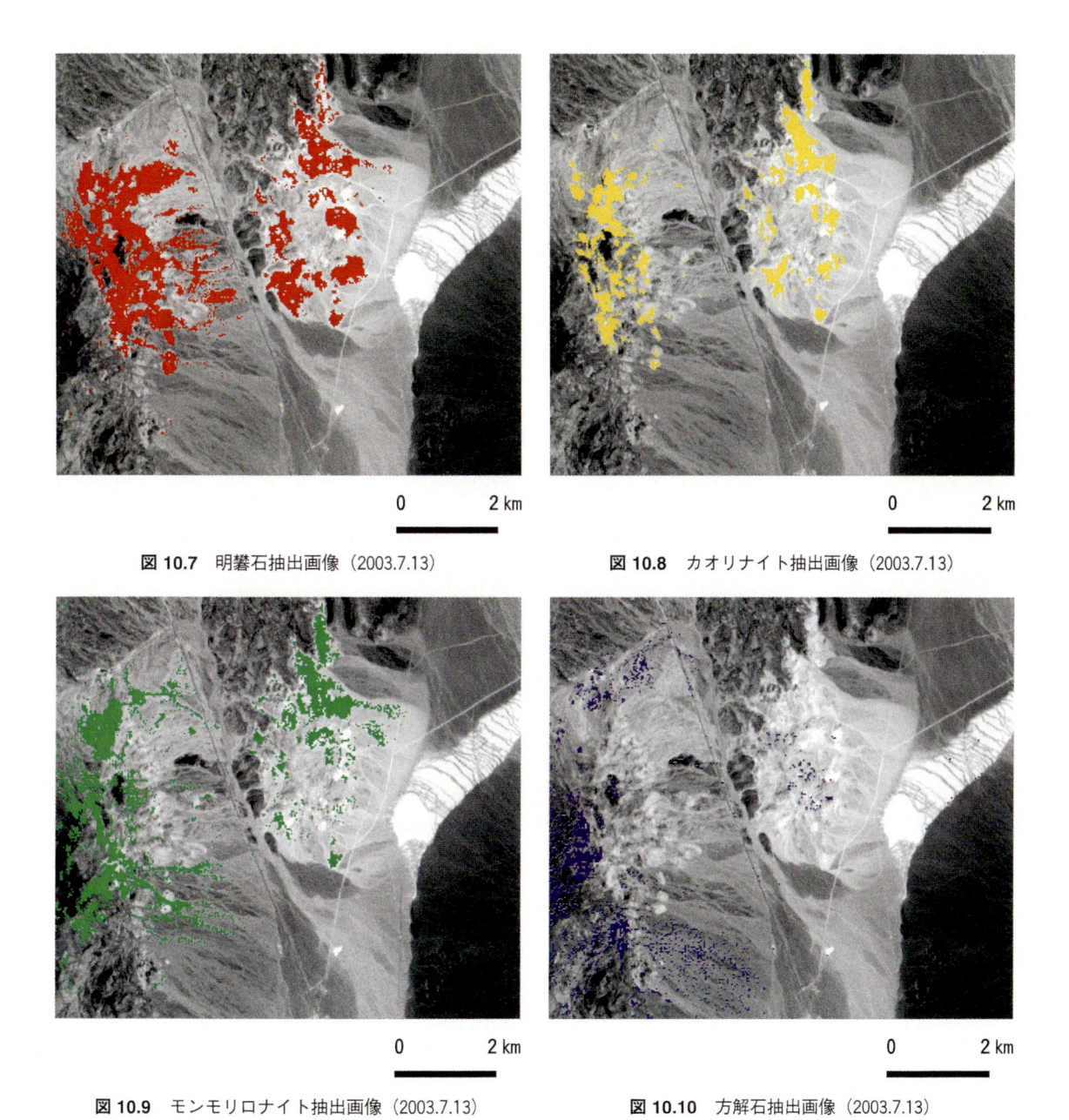

図 10.7　明礬石抽出画像（2003.7.13）

図 10.8　カオリナイト抽出画像（2003.7.13）

図 10.9　モンモリロナイト抽出画像（2003.7.13）

図 10.10　方解石抽出画像（2003.7.13）

11 アンデス変質帯
――マグマが造った金属鉱床

　チリのアンデス弧は，ゴンドワナ大陸（海洋底を形成している岩盤）の南アメリカ部の太平洋側に沿って分布している．この地域は，古生代から新生代にかけて海洋プレートの東向きの沈み込みを受けてきた．古生代後期から中生代前期には，ゴンドワナ大陸の分裂と南部太平洋の拡大が生じ，アンデス弧における沈み込みは見かけ上，止まっていた．このため伸張テクトニクスのもとでの地殻の溶融の結果，海溝付近で大量の珪質火山岩や貫入岩が噴出・貫入した（Kay et al., 1988）．ジュラ紀になって，沈み込みが北部〜中央チリにおいて再び始まり，白亜紀前期には南部チリにおいても開始された（渡辺，1995）．

　このような活発な火成活動の結果，チリには多数の金属鉱床が分布することとなった．チリの金属鉱床は，浅熱水性，斑岩型，深成岩に伴うものと多様性に富んでいるが，特に硫化硫黄型‐斑岩型鉱床が卓越する（Sillitoe, 1991）．主要な硫化硫黄型‐斑岩型鉱床はチリ北部のアンデス中央火山帯〜平坦スラブ帯にかけて広がるマリクンガ帯とエルインディオ帯に集中している．

　図11.1の画像に示した地域には，三畳系〜ジュラ系を基盤として白亜紀火山岩類・陸上堆積物が広く分布し，白亜紀〜古第三紀に活動した深成岩類が貫入している．図11.2のASTER画像に示した輝度の高い青緑色の箇所では，粘土鉱物の存在が推定される．さらに，図11.4に示したようなカラー合成画像では，斑岩銅鉱床の鉱体上部に特徴的なセリサイトという粘土鉱物の存在が推測されるため，有望な地域として抽出される（芳沢ほか，2003）．このような地域において地化学調査を行うと，図11.4に示したように，モリブデンの分析値が高い傾向が認められ，ASTERデータが斑岩銅鉱床に特徴的な変質帯の発見に役立ったことがわかる．

　また，ASTERデータを用いれば，調査以前に地質判読図や推定断面図を作成することも可能である（図11.3，図11.5）．このように，ASTERデータは地質調査・資源探査を実施する上で非常に効率的な手段であるとともに，経済的な資源探査に有効な技術であるといえる．

　　セリサイト（serisite）：絹雲母とも称される白雲母に近い組成の粘土鉱物の一種．熱水変質鉱物として産
　　出することが多い．

■ 文　献

Kay, S. M., Maksaev, V., Moscoso, R., Mpodozis, C., Nasi, C. and Gordillo, C. E.（1988）：Tertiary Andean magmatism in Chile and Argentina between 28 degrees S and 33 degrees S; correlation of magmatic chemistry with a changing Benioff zone. Journal of South American Earth Sciences, 1 (1)：21-38.
Sillitoe, R. H.（1991）：Gold metallogeny of Chile－an introduction. Economic Geology, 86：1187-1205.
芳沢浩文・町田晶一・深澤秀明・末岡慎也・麻木孝郎・山沢茂行（2003）：チリ共和国北部における衛星画像を用いた鉱床賦存有望地の抽出と鉱業権の取得．資源地質，53(1)：39-50.
渡辺　寧（1995）：酸化硫黄型と還元硫黄型浅熱水性金鉱床を形成するテクトニックセッティング，平成6年度広域地質構造調査報告書構造解析総合調査，資源エネルギー庁：162-193.

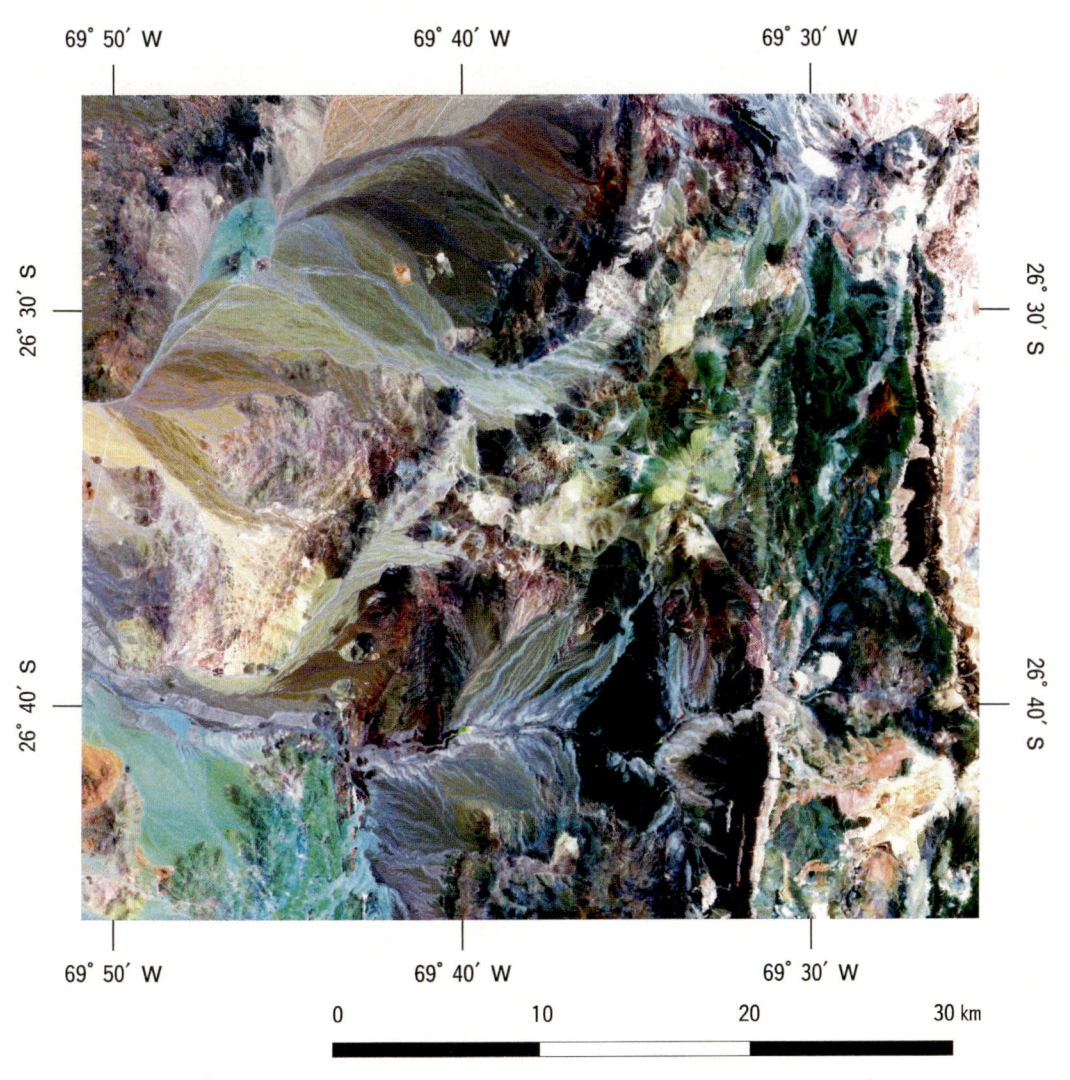

図 11.1　ASTER カラー合成画像（広域）（200.11.26，B：G：R＝1：3：5）

60　いにしえの地球史を探る

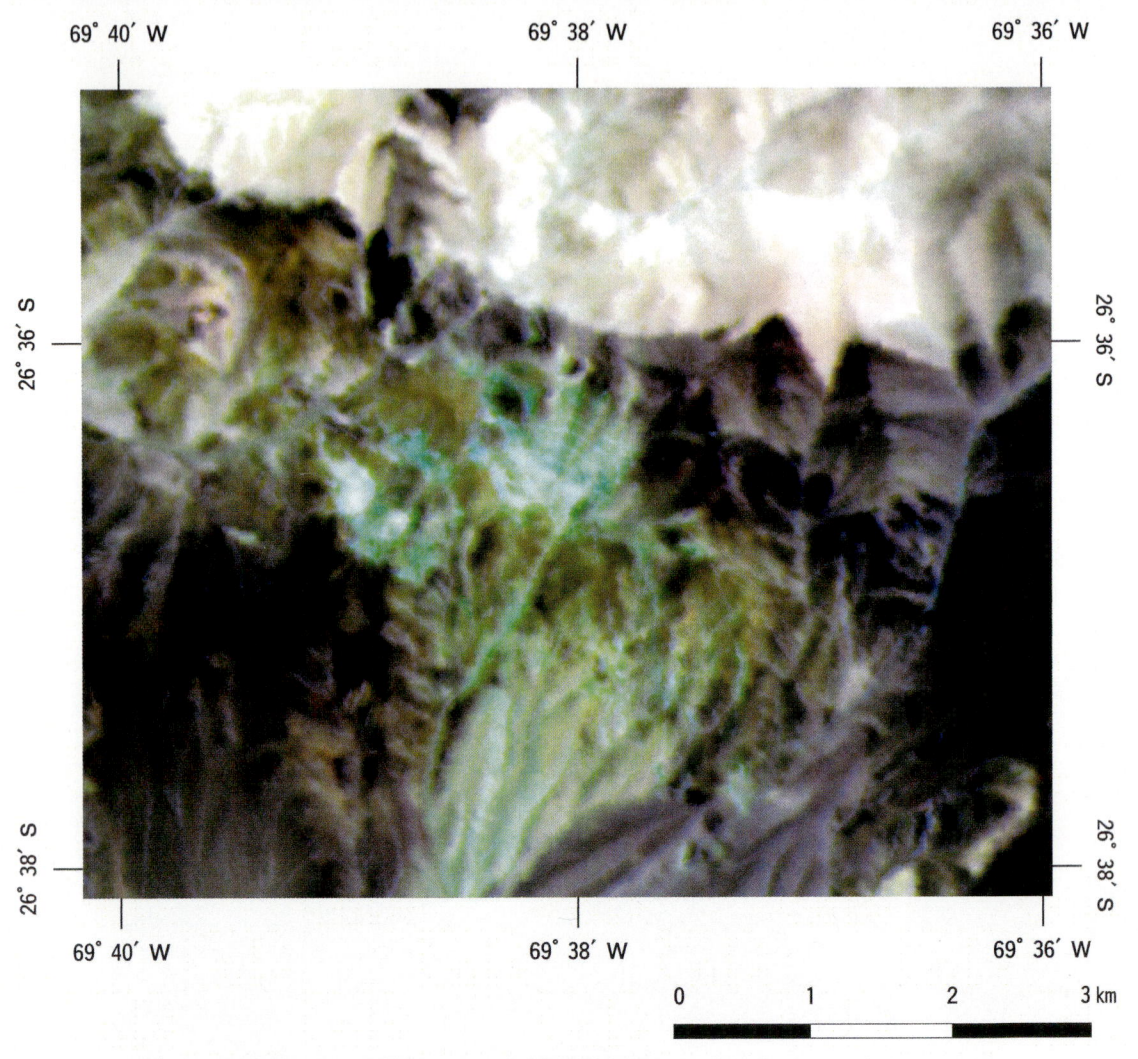

図 11.2 ASTER カラー合成画像（図 11.1 の赤枠部の拡大，B：G：R＝7：6：5）（2000.11.29）

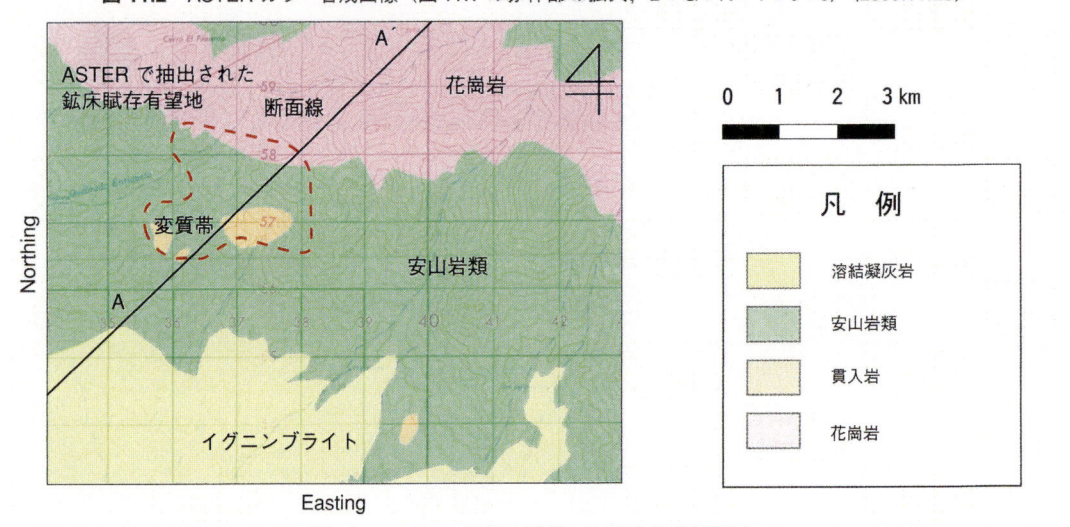

図 11.3 ASTER 画像を活用した写真地質判読図

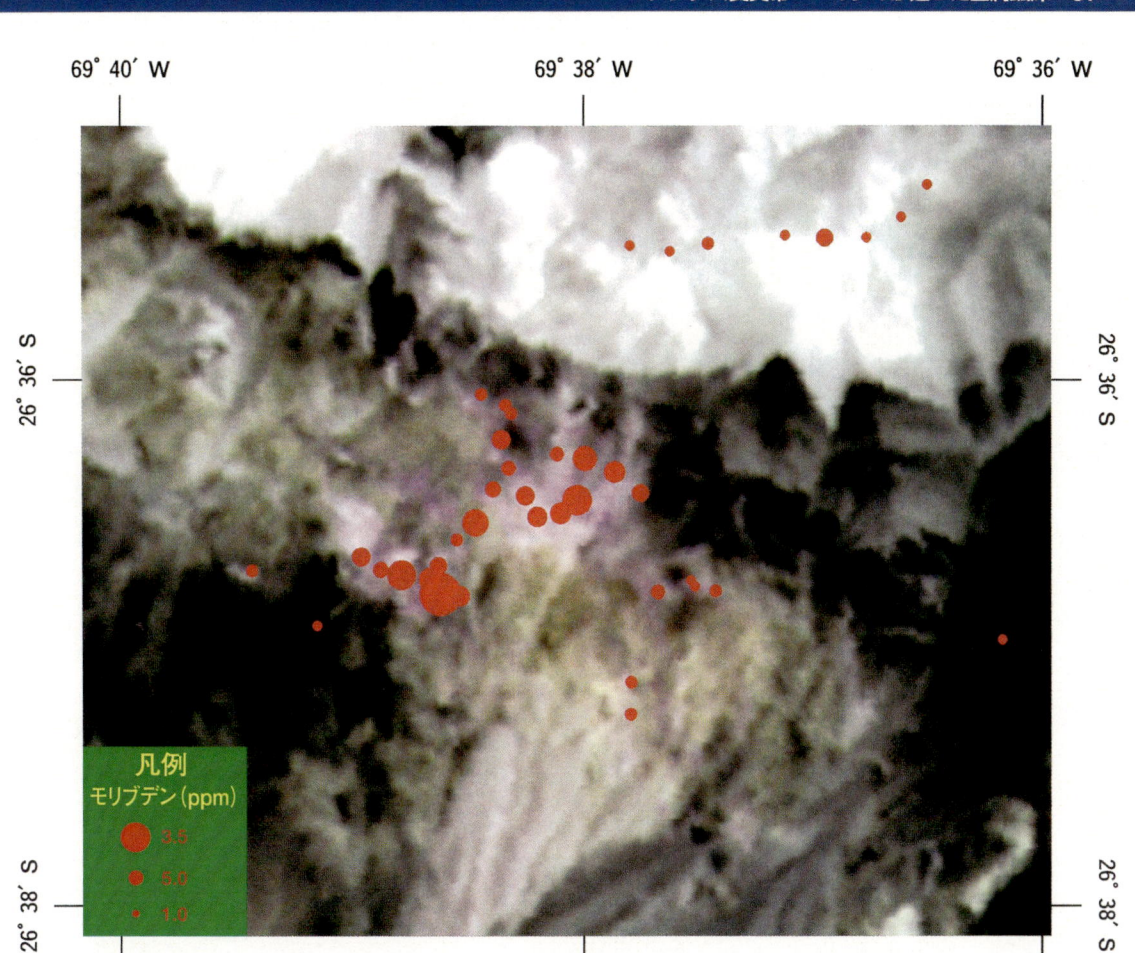

図 11.4 ASTER 画像に重ねた地化学調査データ（2000.11.29）
ASTER カラー合成画像（B：G：R＝7：6：5）により，赤紫色に表示される領域は，セリサイトやモンモリロナイトの存在が示唆された．現地調査の結果，セリサイトの優勢な存在が確認された．また，斑岩銅鉱床の示唆鉱物であるモリブデンの分析値をプロットすると，変質帯の領域によく一致する．

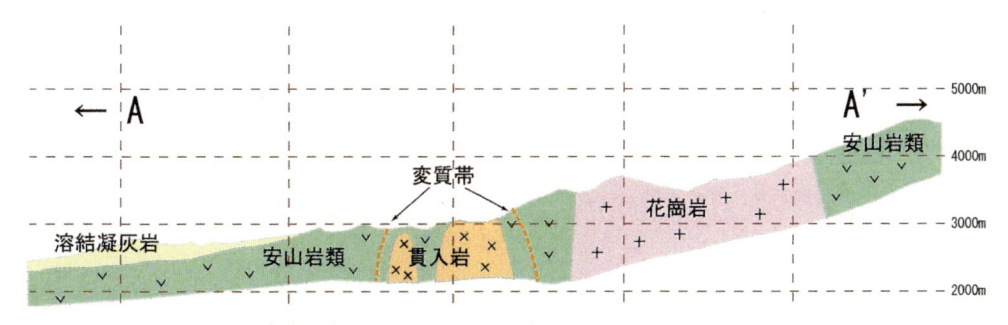

図 11.5 ASTER 画像を活用した推定地質断面図
地質・地質構造断面解析図は，ASTER の直下視および後方視データより作成したカラー化ステレオペア画像による写真地質学的判読に基づき作成した．ASTER 画像を利用すれば，現地調査を実施する以前に，広域の地質判読図および推定地質断面図を作成することが可能であり，現地調査を非常に効率的に実施することができる．

12 エスコンディーダ
——世界最大級の斑岩銅鉱山

　図12.1の画像の中央でほぼ円形に見えるものがチリ北部に位置するエスコンディーダ銅鉱山（図12.2）の露天掘りである．この露天掘りの大きさは南北3.2 km×東西2.2 km×深さ465 m（2002年時点）である．この鉱山では1990年に生産が開始され，2005年の銅生産量は約110万トンに達した．日本の銅製錬所による銅地金生産量は年間約140万トン（2004年）とされるが，この量に近い銅量をこの鉱山1つで生産しており，世界最大級の銅鉱山である．エスコンディーダ銅鉱山の北方（画像上側）約6 kmにもう1つ楕円形をした露天掘り鉱山が見える．これはザルディバール銅鉱山で，年間約15万トンの銅を生産している．ザルディバール銅鉱山のすぐ東側（画像右側）には白い点が規則正しく並んでいる箇所が見える．この白い点はエスコンディーダ・ノルテ鉱床を探鉱したボーリング跡地であり，この範囲には鉱量11億トン，銅品位約1％の銅鉱床が確認されている．このようにわずか6×8 kmの範囲内に3つの大規模銅鉱床が存在する．

　これらの銅鉱床は斑岩銅鉱床と呼ばれ，鉱床内部およびその周囲に特徴的な変質鉱物を伴っている．その模式例を図12.3に示した．酸性変質帯はカオリナイト，明礬石などにより，フィリック変質帯は石英とセリサイトにより，プロピライト変質帯は緑泥石やアルバイト（allite，曹長石ともいう斜長石の一種）あるいはカリ長石により特徴付けられる．

　ASTERデータは可視域〜短波長赤外域に9バンドを有しており，これらのバンドでの各鉱物の反射スペクトルは，図12.6に示すように多様である．地表に分布する変質帯は多種変質鉱物の混合物からなっており，等粒子モデル（Hiroi and Pieters, 1992）を用いれば各変質鉱物の含有量を求めることが可能である．エスコンディーダ銅鉱床を含む約30×40 kmの範囲を対象に変質鉱物の含有量を求めた結果が図12.5である．比較的地表が改変されていないエスコンディーダ・ノルテではセリサイトが多く同定されていることがわかる．エスコンディーダ鉱山やザルディバール鉱山は地表が大きく改変されているため，鉱山開発前の変質鉱物分布状況を知ることはできないが，図12.4に示した鉱山開発前の変質鉱物分布状況調査結果（Alpers and Brimhall, 1989）と比較すると，大きく改変されていない部分では変質鉱物同定結果とよい対応を見せる．

　　フィリック変質（phyllic alteration）：石英とセリサイトの組合せを特徴とする熱水変質．

　　プロピライト変質（propylitic alteration）：緑泥石・曹長石・ないしカリ長石・石英の生成を特徴とする熱水変質．安山岩質〜デイサイト質火山岩類の変質として知られる．

■ 文　献

Alpers, C. and Brimhall, G. H.（1989）：Paleohydrologic evolution and geochemical dynamics of cumlative supergene metal enrichment at La Escondida, Atacama Desert, northern Chile. *Economic Geology*, 84：229-255.
Hiroi, T. and Pieters, C. M.（1992）：Effects of grain size and shape in modeling reflectance spectra of mineral mixtures. *Proceeding of Lunar and Planetary Science*, 22：313-325.
Sillitoe, R. H.（1995）：Exploration of porphyry copper lithocaps. *Pacific Rim Congress 1995, Auckland, Proceedings：Parkville, Australasian Institute of Mining and Metallurgy*（Mauk, J.L. and St. George, J.D. eds.）：527-532.

エスコンディーダ——世界最大級の斑岩銅鉱山　*63*

図 12.1 ASTER フォールスカラー画像（2002.1.23, B：G：R ＝ 8：6：2）

64　いにしえの地球史を探る

図 12.2　エスコンディーダ鉱山全景（2005 年 5 月撮影）

酸性変質帯
フィリック変質帯
プロピライト変質帯
カリウム変質帯
斑岩

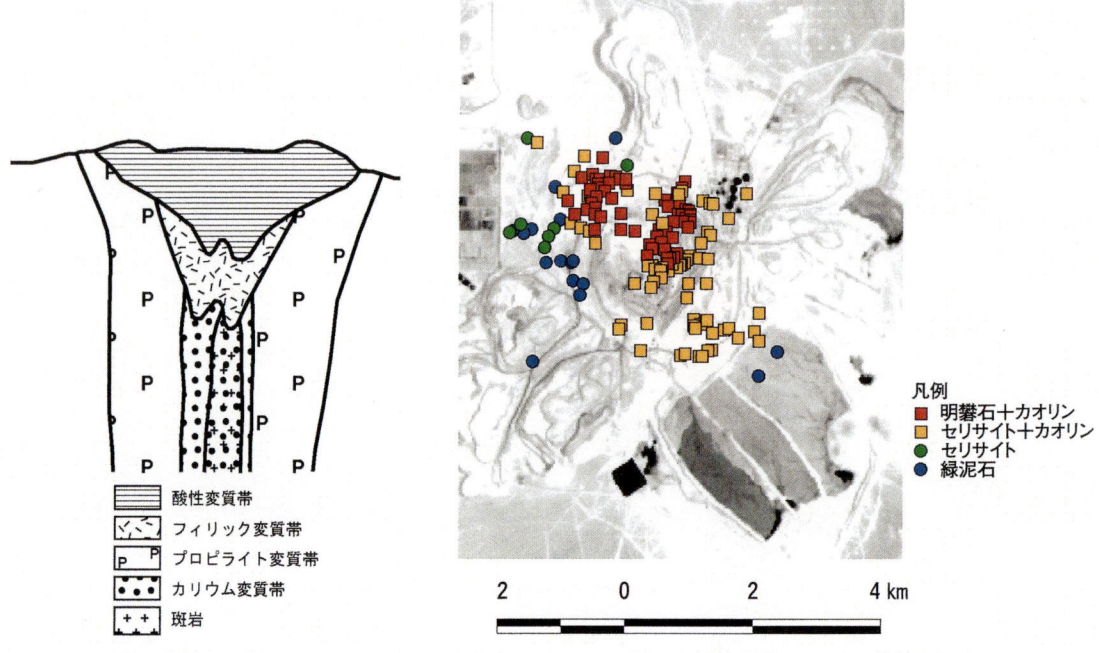

図 12.3　斑岩銅鉱床に伴われる変質帯（Sillitoe, 1995 より改変）

凡例
明礬石＋カオリン
セリサイト＋カオリン
セリサイト
緑泥石

図 12.4　エスコンディーダ鉱山周辺の変質鉱物分布状況調査結果（Alpers and Brimhall, 1989 より改変）

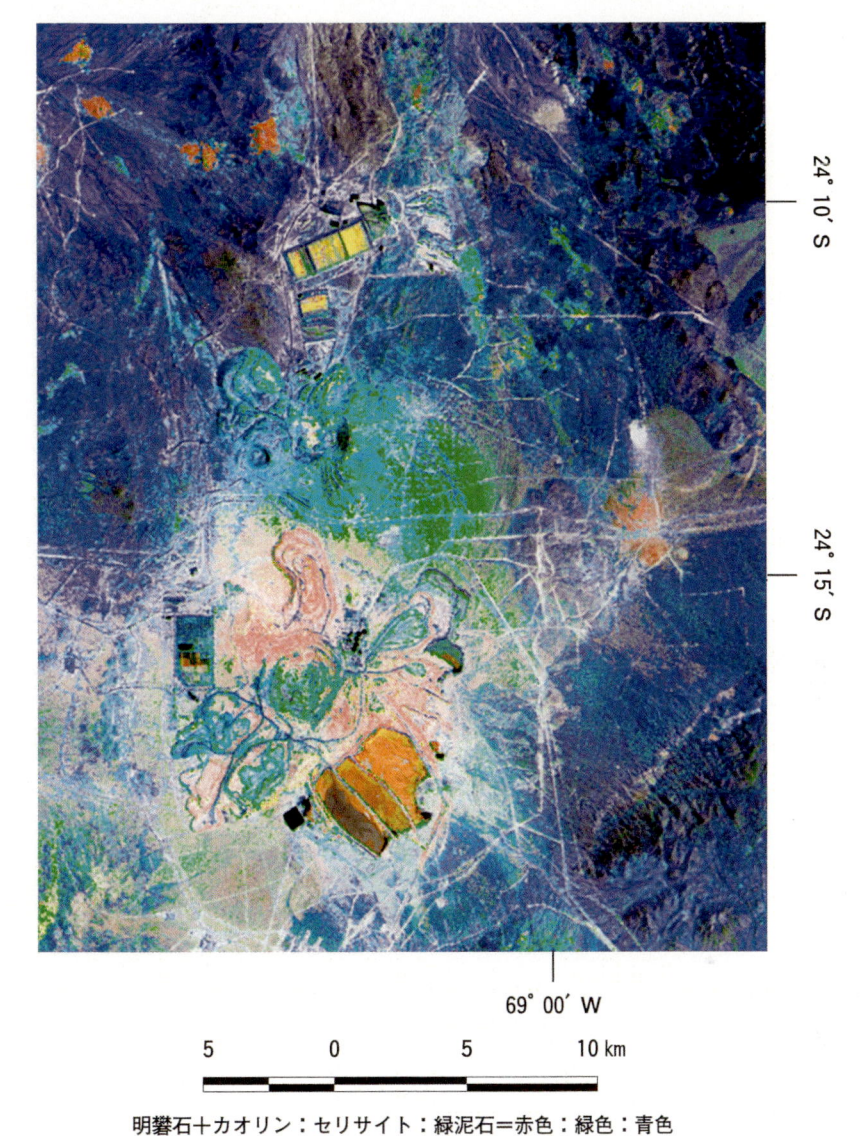

エスコンディーダ――世界最大級の斑岩銅鉱山　65

24° 10′ S
24° 15′ S
69° 00′ W
5　0　5　10 km

明礬石＋カオリン：セリサイト：緑泥石＝赤色：緑色：青色

図 12.5　エスコンディーダ銅鉱山周辺域の鉱物同定結果（2002.1.23）

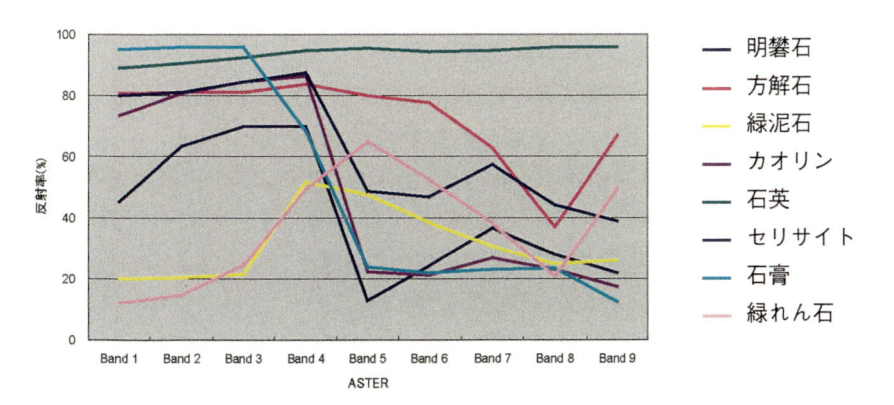

― 明礬石
― 方解石
― 緑泥石
― カオリン
― 石英
― セリサイト
― 石膏
― 緑れん石

反射率(%)
ASTER

図 12.6　変質鉱物の反射スペクトル

13 グレートダイク
——25億年前のクロムと白金の恵み

　グレートダイクは，アフリカ大陸南部に位置するジンバブエ共和国のほぼ中央を北北東から南南西にかけて直線状に約550 kmにわたって分布するロポリス（中央部がくぼんだ皿状の貫入岩体）型の層状火成岩体である．35～36億年前の始生代の基盤岩類に形成された張力性地溝を満たすようにして，25億年前に活動したとされている．延長に比較して幅は最大でもわずか11 kmと狭小な分布を示している（図13.3）．岩体は北から南に向かってムセンゲジコンプレックス（Msengezi Complex），ハートレーコンプレックス（Hartley Complex），セルクェコンプレックス（Selukwe Complex）およびウェッザコンプレックス（Wedza Complex）の4つの単位に分類されている．
　岩石学的には超塩基性ないし塩基性の層状貫入岩で，上部は斑レイ岩類，下部は複数の輝岩層を経てさらに下位のかんらん岩類（蛇紋岩）に移行する（図13.4）．
　図13.1，図13.2は，南端のウェッザコンプレックスにあたる部分のASTER画像である．人工的な要素を除いて画像と地質を対比してみると，白色系の部分はこの地域では最も古い片麻岩類に対応する．画面右上から右中央にかけては褶曲構造の顕著な始生代セバクェ（Sebakwe）系の緑色岩帯が分布している．この部分は植生の分布域と合致するため，画像は赤色を呈する．右下の直線的な節理あるいは断層の発達した赤い部分は，これらを貫く新期花崗岩類である．色調の薄いピンクはそれより植生の薄い部分と思われる．グレートダイクは，これらよりさらに後の活動による貫入岩で，クロロフィルに乏しい草地や灌木帯となって画像上では緑色を呈する．画面左にはグレートダイクに平行した細い岩脈が見える．グレートダイクは，画面上部と下部では西北西～東南東系の右横ずれ断層に切られて変位している（図13.1，図13.2，図13.5）．
　ジンバブエ共和国はほぼ全域がサバンナ気候区に属し，一年は乾季と雨季からなるが，雨季でも降雨量は月間200 mm以下で植生は樹高の低い広葉樹の疎林を形成する．グレートダイクの蛇紋岩地帯では特に植生の生育が乏しく，ほとんど草地となる（図13.6，図13.7）．
　グレートダイクは，南アフリカ共和国のブッシュフェルド複合岩体に次いで，特にクロムや白金族金属鉱床の重要な母岩として知られている．クロム鉄鉱層はグレートダイクの下部のダナイト，ハルツバージャイト，輝岩および蛇紋岩ユニットの中に各々の厚さ10～30 cmの薄い縞状集積層として何枚も産する．貫入岩体の東西境界部に露頭が見られ，両側から岩体中心に向かって10°ないし30°の傾斜で連続分布している（図13.8）．これらは大小多数の鉱区に分かれているため，多くの鉱山が存在した．概ね地表から3 mまでは手掘りによる採掘が行われ，さらに深く15 mまではブルドーザーやバックホー，トラックによる採掘が行われている．鉱層はダイクの走向方向にも緩くプランジしており，露頭部ではこれに沿って坑口が点々と並んでいるのが見られる（図13.7）．
　白金族鉱床は，ニッケル，銅，鉄の硫化物帯に伴う白金，パラジウムなどの白金族鉱物からなり，主な鉱山はハートレー，ンゲジ（Ngezi），ミモサ（Mimosa）などがある．このうちンゲジ鉱山では南北8 km，東西1～1.5 kmが採掘対象の鉱体で，露頭は16 kmにわたって連続しているのが確認されている．

グレートダイク──25億年前のクロムと白金の恵み　67

図 13.1　グレートダイク周辺地域の ASTER フォールスカラー画像（2000.10.16）

図 13.2 グレートダイク南部の ASTER 画像位置図（黄線範囲が図 13.1, 2000.10.15）

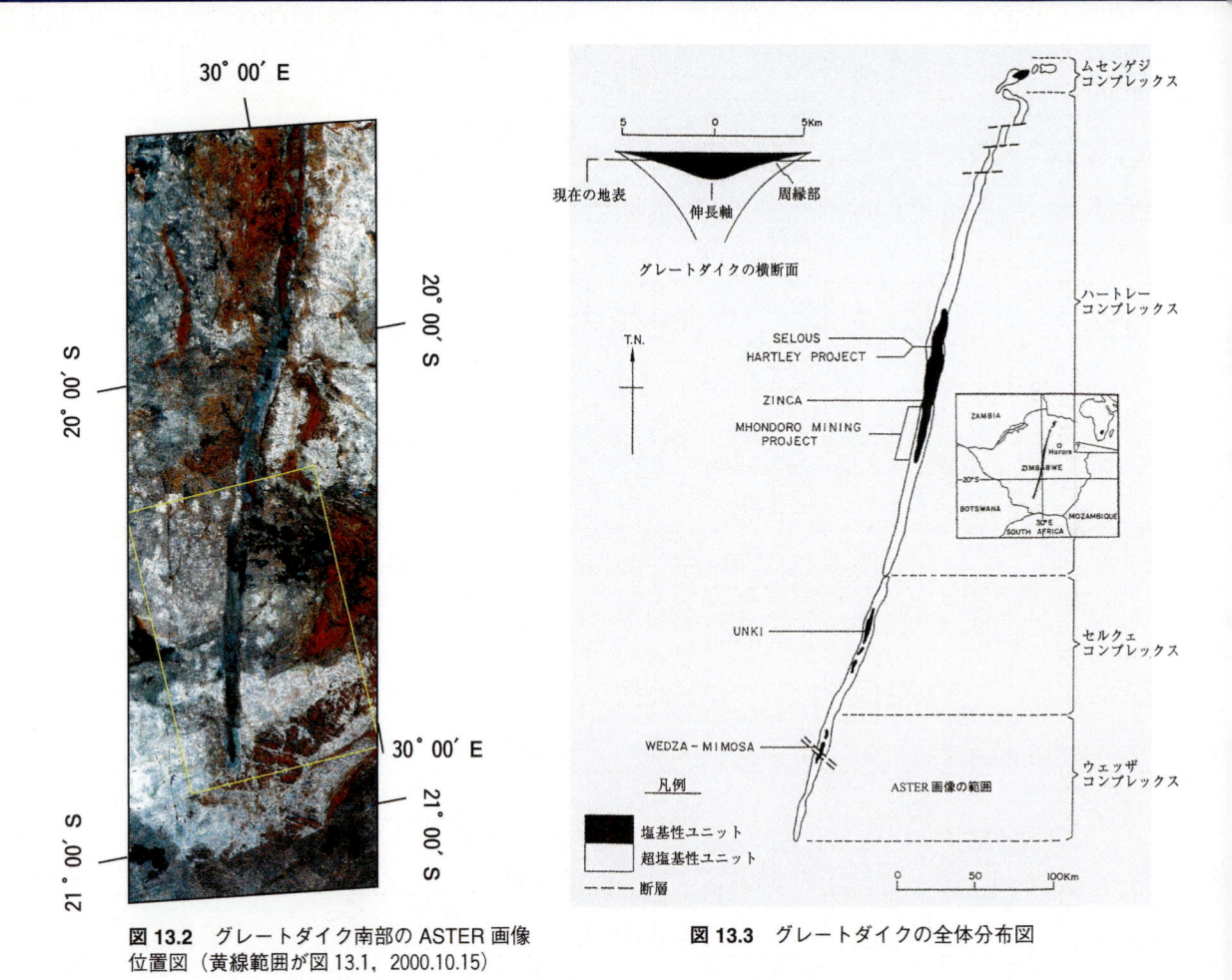

図 13.3 グレートダイクの全体分布図

図 13.4 グレートダイクの模式地質柱状図

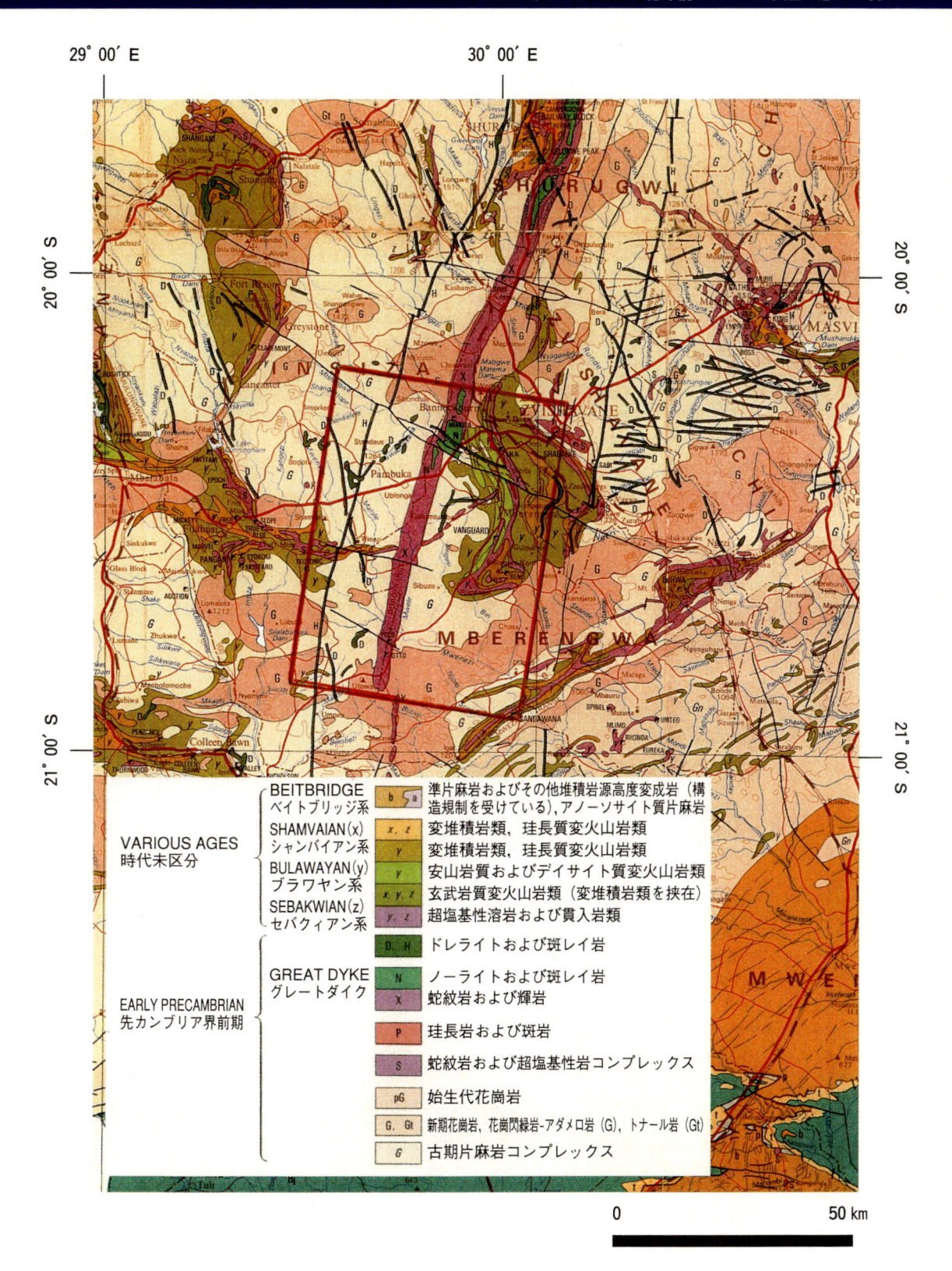

図 13.5　ジンバブエ共和国南部の地質図（赤枠は図 13.1 の ASTER 画像の範囲）

図 13.6 グレートダイクと花崗岩域との地形コントラスト　　図 13.7 グレートダイク付近の植生とクロム鉱山

鉱体の傾斜は 4～6°，深部へ向かって緩傾斜となる．プランジ軸は北へ 1°でほとんど水平である．白金族鉱物は幅 4 m の硫化物帯に含まれるが，地表から 20 m までは酸化帯で実収率に問題があるため，採掘対象は地表から 20～50 m の間となっている．現在のところ，年間 220 万トンの粗鉱を採掘し，77 km 北にあるセルス（Selous）工場で白金族元素の粗製錬とニッケル，銅，コバルトなどの精製が行われている．

ハートレー鉱山はハートレーコンプレックスに伴う白金鉱床で 1996 年に生産を開始したが，実収率に問題があり 1999 年操業を中止している．

ミモサ鉱山はこの ASTER 画像（図 13.1）のグレートダイク最北端部分に位置する採掘対象埋蔵鉱量 860 万トンの鉱山である．年間白金生産 1 万 5,000 oz で開始し，6 万 5,000 oz/年の増産に向けて現在 2 万 4,000 oz/年で操業中である．地下 200 m まで採掘対象となっている．

■ 文　献

Chamber of Mines of Zimbabwe　　http://www.chamines.co.zw/
Implats Annual Report 2003　　http:///www.implats.co.za/
Oberthür, T. et al.（2002）: *Distribution of PGE and PGM in Oxidized Ores of the Main Sulfide Zone of the Great Dyke, Zimbabwe.* — 9th International Platinum Conference, Billings, Montana, Federal Institute for Geosciences and Natural Resources（BGR）.
University of Zimbabwe, UZ Layered Intrusions Research Group　　http://www.uz.ac.zw/science/geology/
Wilson, A.H.（2001）: Compositional and Lithological Controls on the PGE-Bearing Sulphide Zones in the Selukwe Subchamber, Great Dyke : a Combined Equilibrium. — Rayleigh Fractionation Model. *Journal of Petrology*, 42(10): 1845-1867.
Zimplats　　http://www.zimplats.com/
金属鉱業事業団　ジンバブエ共和国の鉱業事情　　http://www.mmaj.go.jp/mric_web/minetopics/
国際協力事業団・金属鉱業事業団（1997）: ジンバブエ共和国スネークヘッド地域資源開発調査報告書　総括報告書，pp.11-25.
（財）資源・環境観測解析センター（2001）: ASTER Image Library 1 : ASTER が撮えた地球の造形, pp. 8 - 9.
宮野　敬（1997）: 地球史の旅(1)地球の最も古い顔（ジンバブエ）．*Eureka*, 1, 筑波大学総合科学博物館ニュース誌　http://www.sakura.cc.tsukuba.ac.jp/

グレートダイク──25億年前のクロムと白金の恵み　71

B.G.Worst（1957）による地質図

1956年撮影した空中写真を基にソールズベリーの連邦地質調査部によりコンパイルした地形図を使用．

凡例

G⁴	花崗岩活動後の岩脈および鉱物脈
N⁹	石英斑レイ岩
N, Nm	斑レイ岩質岩類，変斑レイ岩質岩
P6	輝岩およびかんらん石輝岩岩層—岩層番号付き（断面上に黒く表示）
S, Sˢ	蛇紋岩（S），珪化蛇紋岩（Sˢ）
Sᴴ	ハルツバージャイト（Sᴴ）
Sᴾ, Sᵀ	ピクライト（Sᴾ），滑石片石（Sᵀ）
	クロム採掘作業場（平面に鉱層番号を添付）
	クロム鉱層（断面図）
Gᴾ	花崗斑岩

｝グレートダイク

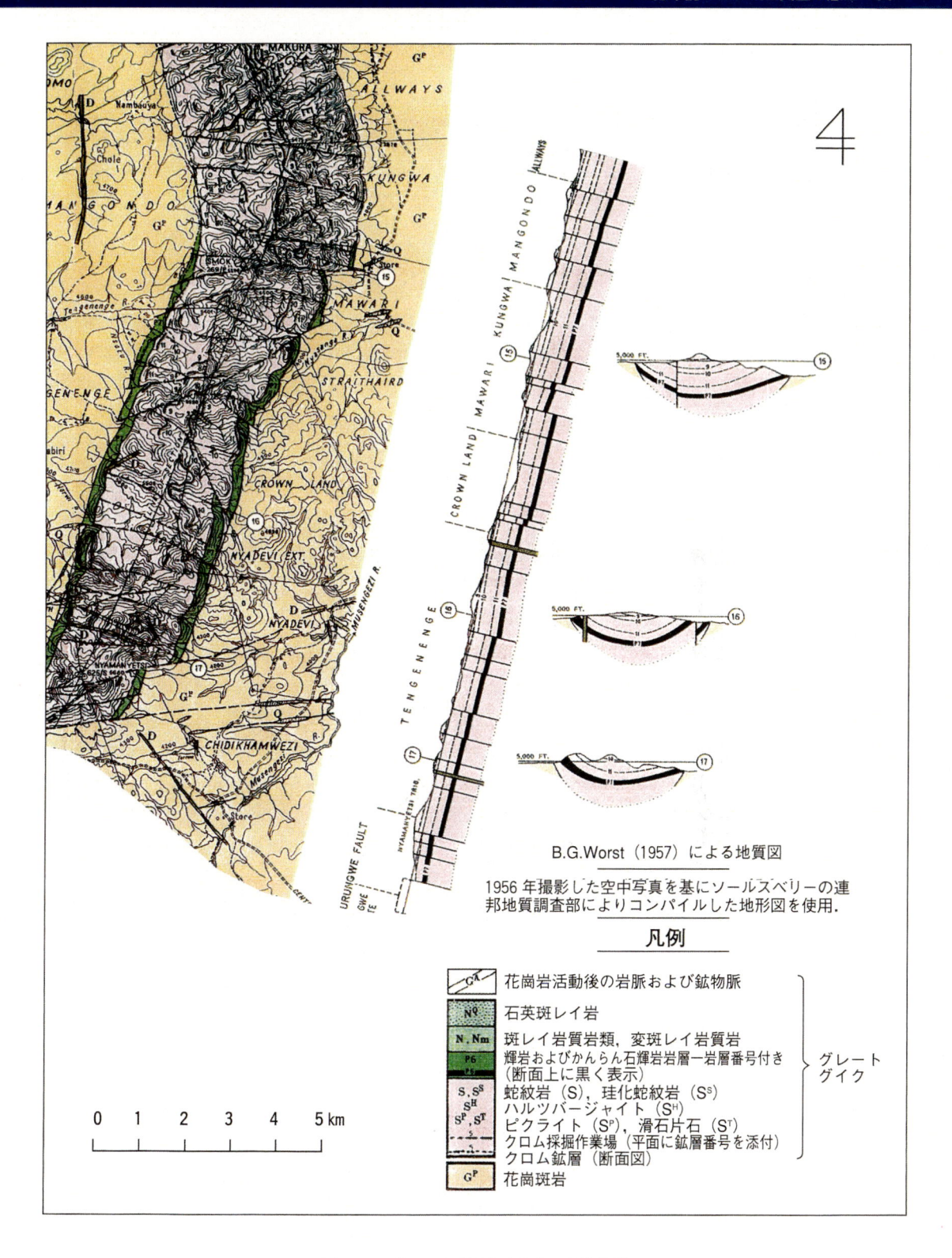

図13.8　グレートダイク中のクロム鉄鉱層
グレートダイクの縦断面と横断面はちょうど樹木から製材したときの板目の構造に似ている．薄いクロム鉄鉱層は岩層の構造に平行に分布する．

14 石林ジオパーク
── 天然の石灰岩彫刻

　石林は中華人民共和国（以下中国と略す）の雲南省昆明市の南東 120 km，路南イ族自治区にある．雲南省は，イ族，ミャオ族，ペー族，チベット族をはじめとする多様な少数民族が居住している地域である．石林は，標高 1,500 m 前後の高原に位置し，面積 2 万 6,000 ha に及ぶ広大な石灰岩地域である．石林は，明代から「天下第一奇観」と称えられる有名な景勝地であり，1982 年には中国国務院から第一回国家級重点風景名勝区に認可された（図 14.3）．現在，石林は，大小石林，乃古石林，芝雲洞，長湖，大畳水瀑布，月湖，奇風洞の 7 つのエリアに分かれており，観光名所として多くの行楽客を集めている．

　ユネスコ（UNESCO）の世界遺産と類似したプロジェクトとして，1997 年に世界地質公園（Geopark）が提唱された．2000 年の第 31 回国際地質学会議（IGC）に引き続いて開かれた国際地質科学プログラム（IGCP）科学会議の答申により，国際学術組織，各国の政府機関，非政府組織（NGO）からなる国際世界地質公園顧問団が組織され，地質遺産を選定することになった．2004 年 2 月 13 日，パリのユネスコ本部で開かれた会議で，最初の世界地質公園が 25 カ所認定された．中国には 8 カ所の世界地質公園が含まれており，その中に後期古生代炭酸塩岩の溶食地形として石林世界地質公園（Shilin Stone Forest Geopark）が認定された．

　石林の石灰岩は，古生代二畳紀の海で堆積したものである．この地域の地層は，ユーラシア大陸とインド亜大陸の衝突に伴う造山運動によって構造が形成された．大理や昆明などを通って南北に何本もの構造線が走り，構造線沿いには，構造湖が形成され，温泉も多く，地震も頻発している．

　石灰岩は，炭酸カルシウム（$CaCO_3$）という化学組成を持つ方解石から構成されている．方解石は後の交代作用で苦灰石（$MgCO_3$）に変わっていることもある．当時の海棲生物には，硬い炭酸カルシウムを殻や骨格，外骨格として持つものが多数いた．方解石の素材は，海水中に溶けている炭酸イオンとカルシウムイオンである．カルシウムイオンは，陸地の岩石を溶かした川から絶えることなく供給され，炭酸イオンは大気中の二酸化炭素が海水に溶け込んでできた．

　その後の地殻変動で地表に露出し，新生代第三紀から第四紀の熱帯気候のもとで長期間侵食を受けて，様々な形態に石灰岩が溶解して景観がつくられたものである．大気中の二酸化炭素を含む雨水や地下水などに石灰岩などが溶食していき，石灰岩地帯では，溶食が地形に反映される．このような石灰岩の溶食地形をカルストと呼んでいる．中国では石灰岩の分布が広く，特に広西地方から貴州省・雲南省にかけては，古生代の石灰岩が多く見られる（図 14.2）．石灰岩の岩峰群がそびえ立つ景観や，平野の中の孤峰など，様々な発達段階のカルスト地形が見られる．石林のような熱帯から亜熱帯の環境においては，温帯のものとはかなり異なった発達過程を持ち，高温多雨気候下で，地下水系の急速な発達によって溶食作用が進み，円錐カルストが形成されている（図 14.1）．

　炭酸を含んだ水が石灰岩の表面を流れるとき，少しずつ溶かしながら溝をつくる．この溝をカレンという．石林は，カルスト地形としてカレンの発達によって形成されたものである．大きな溝状のカレンの間にある柱状の石灰岩をピナクルという．石林は，ピナクルが卓越している地域である（図 14.5）．ピ

石林ジオパーク——天然の石灰岩彫刻　73

図 14.1 カルスト地形の鳥瞰図（2002.2.9, ASTER/VNIR および DEM データを用いて作成）石灰岩の表面が植物などで覆われても，特徴的な地形から石灰岩の分布を知ることができる．

図 14.2 昆明南東部の石林周辺の ASTER フォールスカラー画像（2002.2.9）
西側に大きい湖とその北に小さな湖が見え，これらの東側に石林の石灰岩地帯が広がる．この地域は南北方向の地質構造が卓越する．赤っぽく見える部分とそれに囲まれて点在する水色に見える部分があり，明るい赤は耕作地で，水色は市街地や石灰岩の露出地域である．赤い四角で囲んだところが，石林世界地質公園の位置である．石灰岩地帯であるが表層が植生で覆われているため赤っぽくなっている．

ナクルの高さは，数 m から数十 m まで様々なものがあり，高いものでは 200 m を超えることもある．ピナクルの表面にも，小さなカレンが多数形成される（図 14.4）．

図 14.3 ピナクル群

図 14.4 表面に小さなカレンが発達しているピナクル

図 14.5 石林のピナクル群
水平の構造的な面が見えるが，これは層理面に平行な節理である．

III

地球の成長を追う

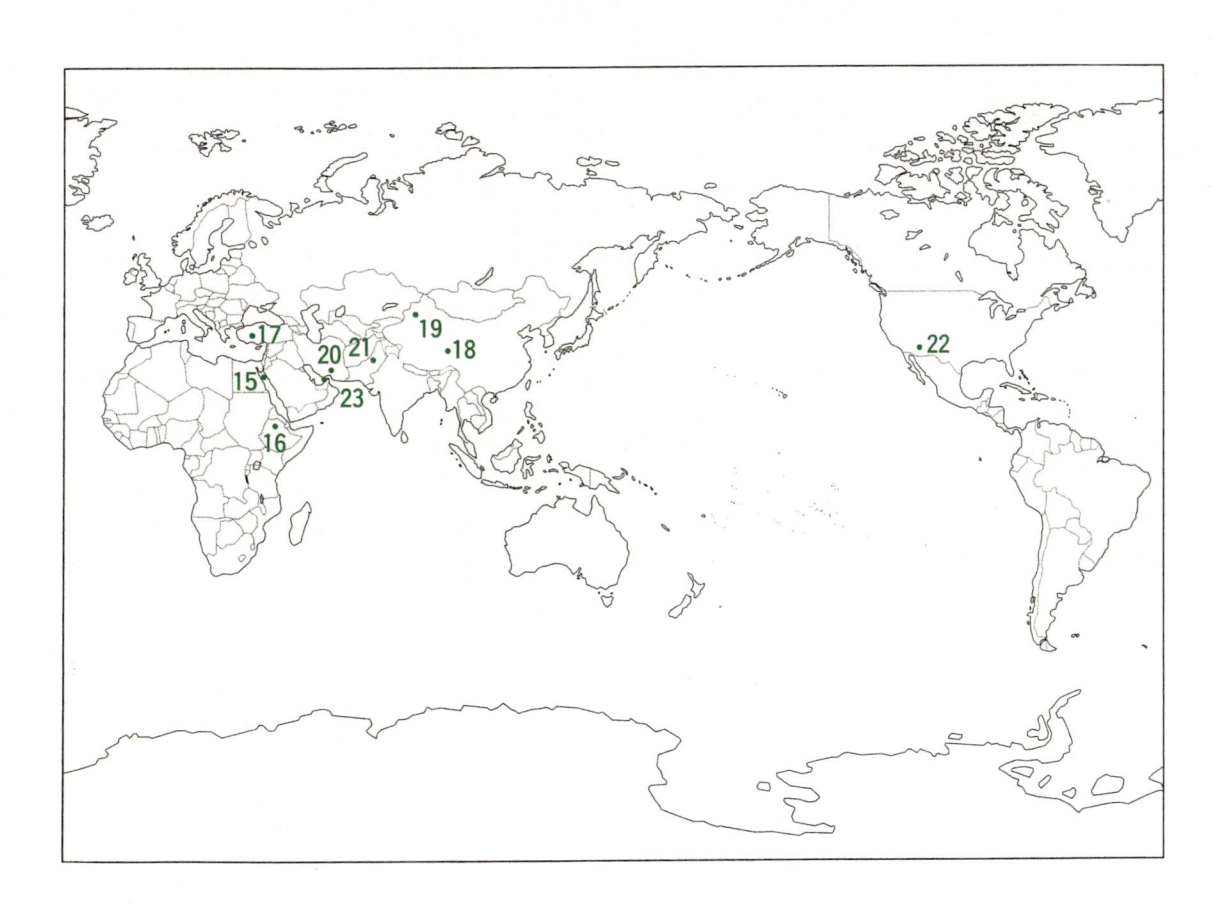

15 紅海とアカバ湾
── アフリカと中近東を隔てる海

　紅海の中央部には水深 1 km 以浅のトラフが 1,500 km 以上にわたって延びており，中央海嶺発達の初期段階にあると考えられている．すなわち，ここを境にして紅海両岸部のアラビア半島やアフリカ大陸地域が東西に乖離しつつあることを示している（図 15.1）．トラフ内の地震活動は活発で，現在のリフト運動を反映している．紅海の北方延長は，東側のアカバ湾と西側のスエズ湾に分岐し，それらの間に三角形状のシナイ半島を挟む（図 15.2）．アカバ湾を南北に通過する左横ずれのアカバ湾トランスフォーム断層系の北方延長は，死海トランスフォーム断層系につながると考えられている（図 15.3）．

　ASTER 画像に明瞭に現れているように，両岸部にはリニアメントの発達が著しい．その一部は侵食に抗して稜線をなす先新生代の複数回の貫入時期を持つ塩基性岩脈群（図 15.4，図 15.6）や既存断層の侵食による急峻な谷地形であるが，沿岸部に近い地域においては，紅海のリフト運動を反映するかのような新期の巨大な裂か群や，既存断層系中に発達する活断層であることが多い（Eyal *et al.*, 1981）．

　一方，紅海両岸部のアラビア半島やアフリカ大陸の内部では，古期の基盤岩が卓越し，楯状地を構成して地質学的に安定な地域とされ，従来地震活動が極めて低調と思われてきた．しかし，断層や歴史地震の再検討などにより，地震被害は少ないものの必ずしも不活発とは言えないことが明らかとなってきた．例えば近年では，1995 年 11 月 22 日にヨルダンとの国境に近いサウジアラビアのハクル南方のアカバ湾沿岸部で M 5.8 の地震が発生し，複雑な分布形状を示す地表地震断層を生じさせている（図 15.5）．これは西落ちの正断層群で最大垂直変位は約 30 cm あるが，水平変位はほとんど見られない．周辺の海岸平野には，約 3～5 m の垂直変位を持つ断層が分布し，関連性が示唆される．また，沿岸部には段丘化した扇状地や隆起珊瑚礁の発達も著しく，紅海沿岸地域の活発な地殻変動を示している．

　　トラフ（trough）：深海底に発達する細長くて比較的幅の広い船底状の凹地．
　　リフト運動（rifting）：リフティング．大陸分裂が生じる際，地表が伸張し沈降陥没する運動．
　　トランスフォーム断層（transform fault）：プレート境界部をなす走向移動断層．

■ 文　献

Eyal, M., Eyal, Y., Bartov, Y. and Steinitz, G.（1981）：The tectonic development of the western margin of the Gulf of Elat（Aqaba）Rift. *Tectonophysics*, 80：39-66.
田中壮一郎（1999）：サウジアラビア・アカバ湾東岸地域における衛星データを用いた地質構造解析（1 年次）成果報告，同和鉱業株式会社資源開発部，4 p.

紅海とアカバ湾――アフリカと中近東を隔てる海　79

図 15.1　アカバ湾沿岸部の ASTER フォールスカラー画像（2003.3.11，B：G：R＝1：2：3）

図15.2　ハクルよりアカバ湾を隔てて西方のシナイ半島を望む

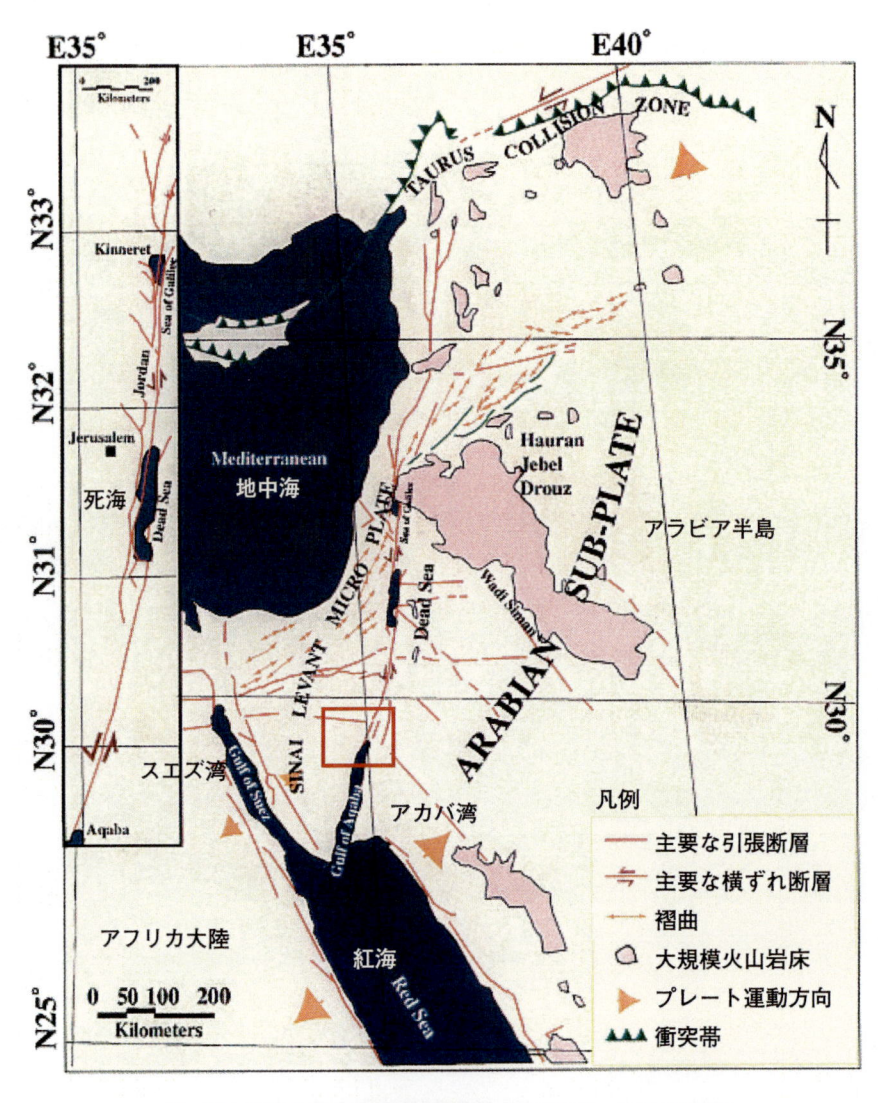

図15.3　紅海北部の地質構造概略図（ERSDAC，1999に加筆）

図 15.4　リニアメントの一部をなす先新生代の塩基性岩脈群（アラビア半島中部）

図 15.5　1995 年に生じた地表地震断層（アカバ湾東岸）

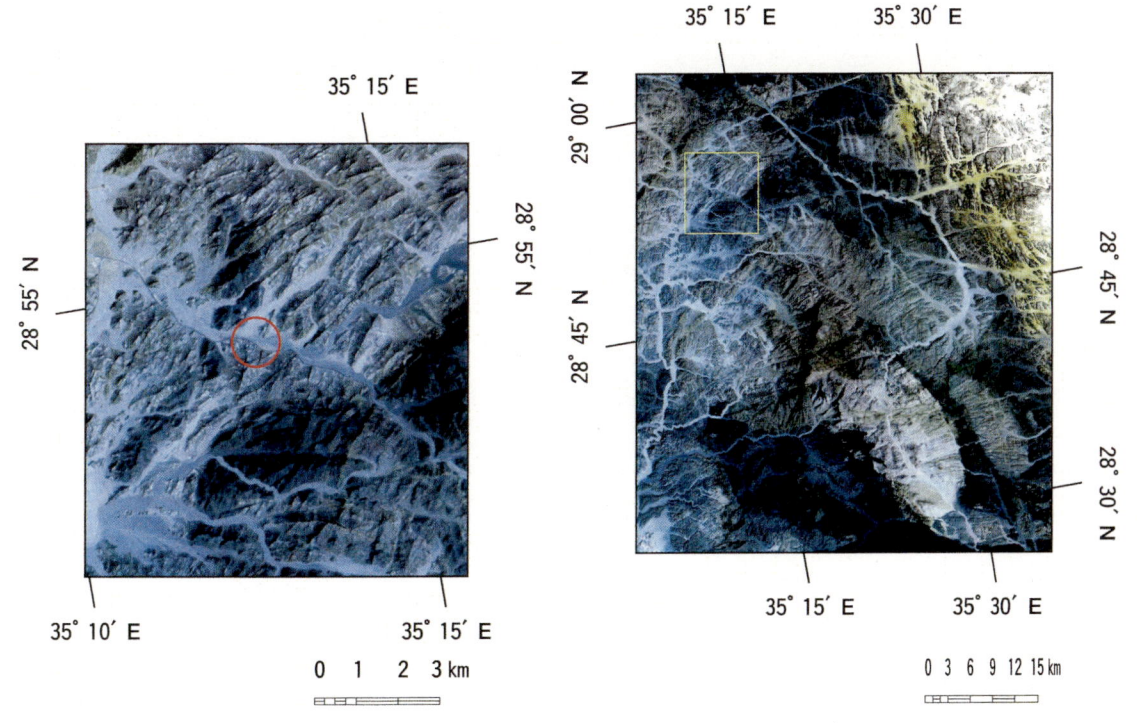

図 15.6　図 15.4（赤い円で示した場所）の ASTER フォールスカラー画像（左図は右図中の黄線枠部分の拡大図）（2002.3.14）

16 リフトバレー
——裂けつつあるアフリカ大陸

　リフトバレーは，アフリカ北西部のエチオピアでは北北西〜南南東のトレンドを持つ Afar 地溝帯と呼ばれ，Dala Filla，Borale Ale，Erta Ale の 3 つの火山を地域内に包含する．この地域には，玄武岩から流紋岩までの幅広いシリカ含有率の多様な火成岩類が分布し，特に火成岩の分類に適した 5 つの熱赤外バンドを有する ASTER にとっては，格好の対象サイトであったが，奇しくも ASTER が打ち上げ後の基本的な試験を終え，取得した最初の熱赤外映像はこの地域を対象として撮像したものであった．通常，熱赤外域の多バンドデータは，バンド間の相関が強く，通常のフォールスカラー画像では，なかなか色がつかないものであるが，この地域の ASTER の熱赤外バンド（TIR）データは，単純なバンド 10：12：14 のカラー合成画像でも火成岩の多様性を反映して多様な色彩を示した．Dala Filla，Borale Ale，Erta Ale を含む地域の夜間 TIR 画像を図 16.1 に示す．ここで，白っぽく発色しているところは放射率がすべてのバンドで大きく，SiO_2 の含有量が比較的少ない塩基性岩と判読される．その中央に存在するマジェンタに発色している部分は，3 つの火山およびその周辺の地域に対応し，バンド 12 の放射率が低く，SiO_2 の含有量が多い酸性岩と判読される．

　次に，Dala Filla と Borale Ale を南端に含む地域について，可視・近赤外域のオルソ画像に，標高のコンタ（等高線）を加えたものを図 16.2 に示す．ここで，暗色の部分は塩基性，若干白く発色しているところは，Dala Filla，Borale Ale に相当し，酸性岩と判読される．さらに，これらの部分の標高が高くなっていることが等高線から読み取れる．Dala Filla を通る標高の断面図を図 16.3 に示す．これから，Dala Filla は標高 600 m 程度の急峻な山を形成していることがわかる．これらは，酸性岩の高い粘性を反映して，急な傾斜の斜面が形成されていることを示している．

　さらに，昼間の短波長赤外データから反射率による岩石の判別が可能であるだけでなく，夜間の短波長赤外データを使うと火山の火口にたまった高温の溶岩の存在，さらには表面温度も推定できる．図 16.1 の TIR 画像の下部で，マジェンタ色の中に白色化している部分があるが，これは Erta Ale の火口に相当し，火口の中が高温になっていることがわかる．TIR データでは，約 100℃ で DN 値は飽和してしまうが，短波長赤外データでは 330〜470℃ 位まで飽和しない．しかるに，Erta Ale の火口内では，夜間短波長赤外データは，すべてのバンドで飽和しており，470℃ 以上の温度であると推定される．Erta Ale 火口の溶岩の様子は，右のサイトで見ることができる：www.erta-ale.org/photos_volcan.html

　また，これら多時期の多バンドデータの位置情報がオルソ補正で 50 m 以内の精度でわかることは判読図の地理的な精度を上げるばかりでなく，見かけの異なる多くの映像の位置的な関係を容易に把握できるという点でも非常に有効である．実際，1970 年代に Landsat MSS 等を使って解析された地質図と比較すると，数 km 程度の位置的な差があるが，ASTER の他の検証サイトでの結果を参照すれば，また，異なる時期の本対象地域でのデータを比較すれば，ASTER データの位置的な信頼性は確実であろう．

　この地域は，従来からリモートセンシングの対象エリアとして注目され，Landsat TM，SPOT HRV，JERS-1 OPS 等多くのセンサで撮像されてきた．ASTER は，上記熱赤外の 5 バンドに加え，可視・近

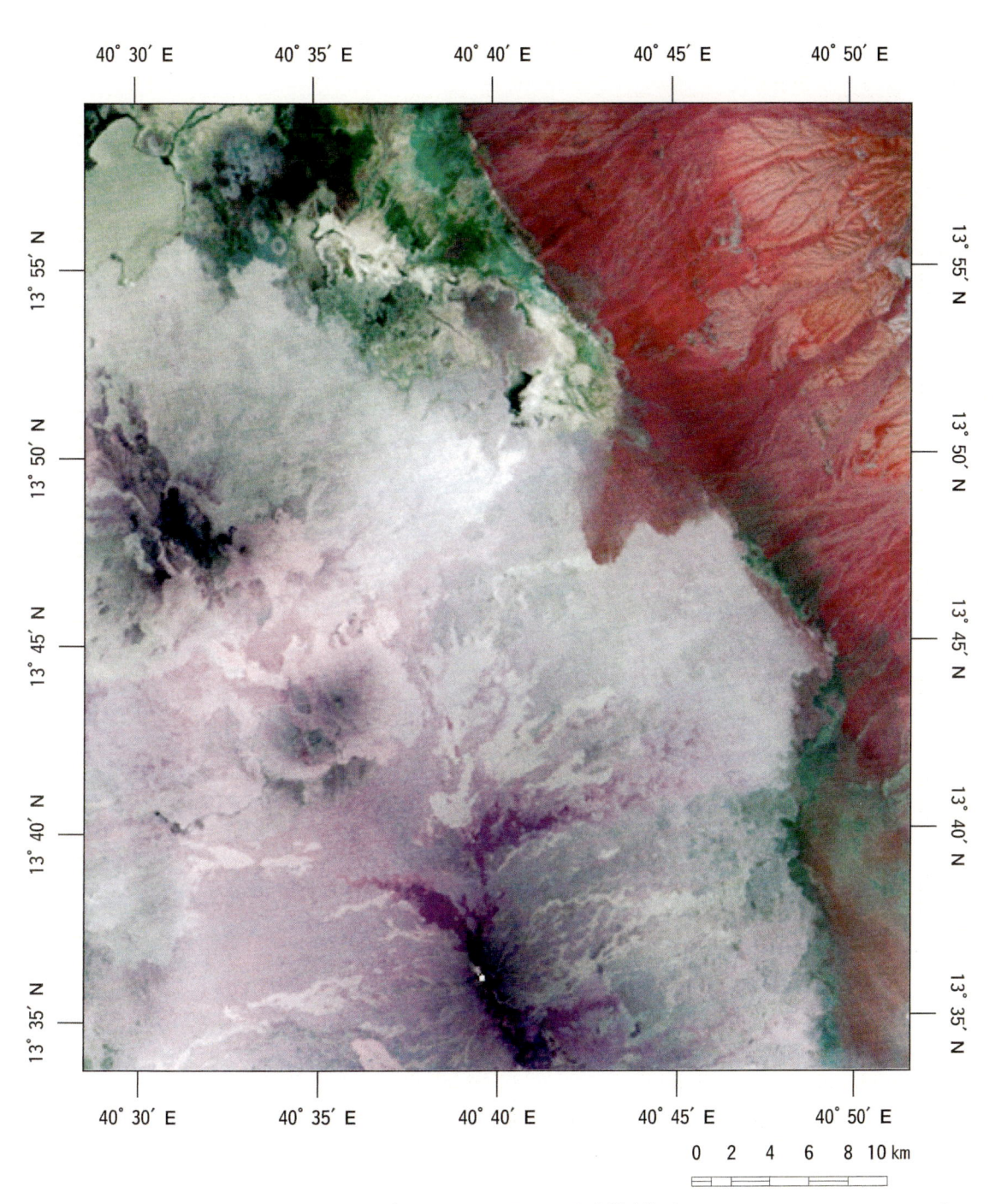

リフトバレー——裂けつつあるアフリカ大陸

図 16.1 Dala Filla，Borale Ale，Erta Ale を含むエリアの ASTER/TIR 夜間映像（2002.3.14，B：G：R ＝ 10：12：14）

赤外域（VNIR）に3バンド，短波長赤外域（SWIR）に6バンドを持っていて岩石の分類に適している点，後方視バンドを使った標高データの利用可能性，極めて高い位置精度，などの総合的な点で，他のセンサに比較してより多くの情報が抽出できた．

■ 文　献

Barberi, F. and Varet, J.（1970）：The Erta Ale Volcanic Range（Danakil Depression, Northern Afar, Ethiopia）. *Bulletin of Volcanology*, 34：848-917.

Watanabe, H. and Matsuo, K.（2003）：Rock type classification by muti-band TIR of ASTER. *Geosciences Journal*, 7(4)：347-358.

Watanabe, H.（2004）：Comprehensive rock type classification by ASTER data over Ethiopian Rift Valley. *Proceedings of SPIE*, 5570：42-53.

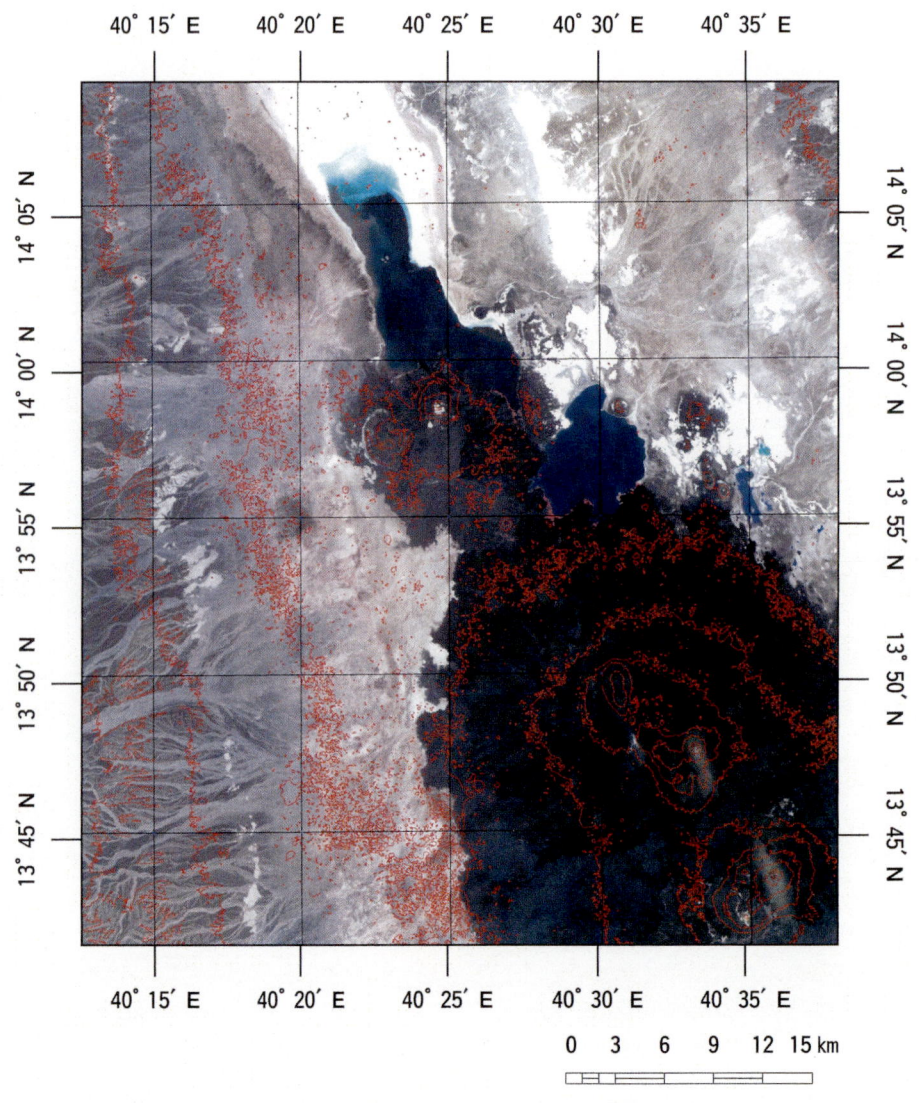

図16.2　対象エリア全体のASTERフォールスカラー画像（2000.11.27）

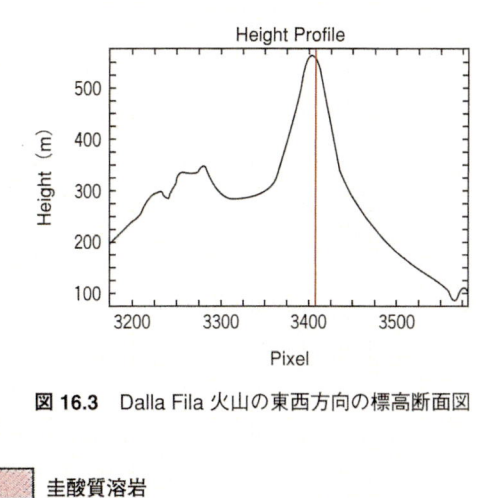

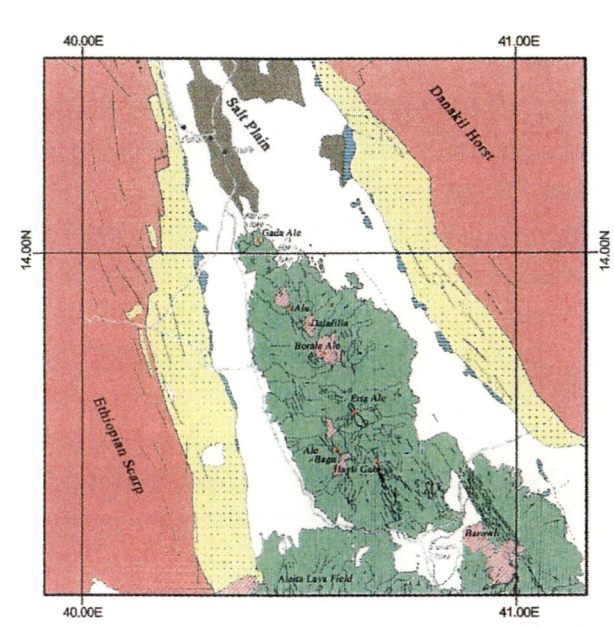

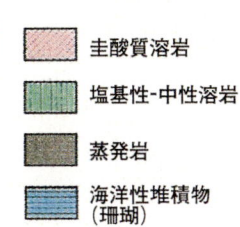

リフトバレー——裂けつつあるアフリカ大陸　85

図 16.3 Dalla Fila 火山の東西方向の標高断面図

圭酸質溶岩
塩基性-中性溶岩
蒸発岩
海洋性堆積物（珊瑚）
赤色岩類
基盤岩

図 16.4 Erta Ale を含む Afar Depression の地質図（図 16.2 に対応，Barberi and Varet, 1970 より修正）

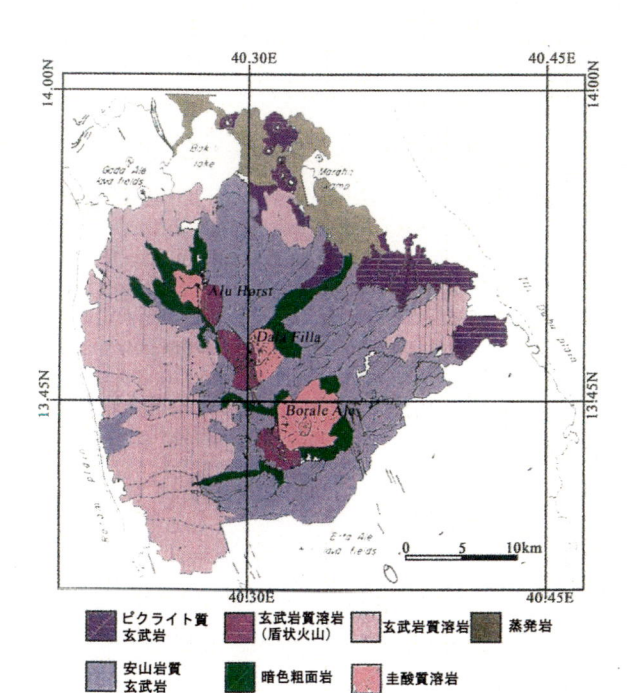

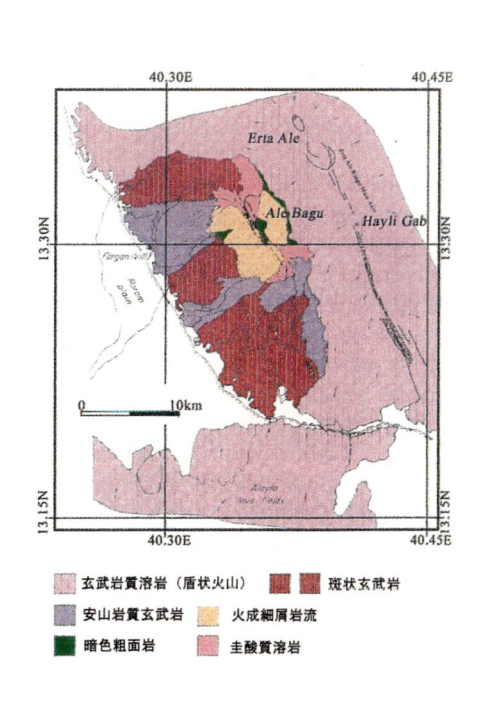

ピクライト質玄武岩
安山岩質玄武岩
玄武岩質溶岩（盾状火山）
暗色粗面岩
玄武岩質溶岩
圭酸質溶岩
蒸発岩

玄武岩質溶岩（盾状火山）
安山岩質玄武岩
暗色粗面岩
斑状玄武岩
火成細屑岩流
圭酸質溶岩

図 16.5 Dala Filla および Borale Ale の地質図（Barberi and Varet, 1970 より修正）

17 アナトリア断層
―― ユーラシア大陸を横切る地震断層

　トルコの位置するアナトリア半島を中心とする地域は，アジア大陸の最西部に位置する半島状の地域で，小アジアともいわれ幾多の文明の興亡の舞台となってきた．このアナトリア半島は，南北約500 km，東西約1,500 kmで日本の国土の約2倍の広さを持っている．基本的にはユーラシアプレートをアラビアプレートとアフリカプレートが南から北へ圧縮する状況下にある．アナトリア半島の大部分を占めるアナトリアプレートは，東西性の右横ずれ運動を呈する北アナトリア断層と，北東〜南西性の左横ずれ運動を呈する東アナトリア断層によって境され，結果的に西に押しやられる傾向にある（図17.2）．
　北アナトリア断層の総延長は1,000 km以上に達し，その発生は新第三紀中新世後期にさかのぼり，累積右横ずれ総変位量は70〜80 km，平均変位速度は10 cm内外/年と推定される．ASTER画像でも，明瞭なリニアメントとして認識，追跡される．北アナトリア断層は地質学的には，アナトリア半島を構成する東西性の4つの地質区のうち，一番北のポンタス区（東部では白亜紀〜古第三紀の火山噴出岩類とそれに貫入する花崗岩からなり，西部は片麻岩基盤の上に古生代の堆積岩および白亜紀〜古第三紀の火山堆積岩が重なる）とその南のアナトリア区（オフィオライトと低度の変成岩が広く分布し，それらを覆って中新世の海成層とそれ以降の陸成堆積物が分布）を大まかに境しているが，一部では明らかに斜交しており，その活動が新しいことを示唆している（加藤，1989）．そして1939年に東端に近いエルジンジャンでM7.9の大地震が発生して以来，本断層に沿って大まかに西方に震源移動しており（図17.3），西端付近の空白域における地震発生が懸念されていた（図17.1）．トルコ北西部では，北アナトリア断層は，大きく2つに分岐する（図17.4）．その北側分岐で，1944年のM7.2地震による断層のさらに西方に，1999年8月17日にM7.4のイズミット（コジャエリ）地震が発生し，多大な被害を生じた．多くの地点で顕著な地表地震断層が生じ（図17.5），総延長100 km以上に達した．いずれも北アナトリア断層の運動センスに対応した北側上がりの垂直成分を伴う右横ずれ変位（最大5 m）を示した．その後，予想されたように1999年11月12日にM7.2の地震が続発し，東方のドウゼ〜ボル間の残された小空白域を埋めるように同センスの地震断層を生じた．

■ 文　献
加藤碩一（1989）：地震と活断層の科学．朝倉書店，280 p.
地質調査所（1999）：第134回地震予知連絡会地質調査所資料，56 p.

アナトリア断層——ユーラシア大陸を横切る地震断層　*87*

図 17.1　トルコ北西部の ASTER フォールスカラー画像（2002.10.5，2004.7.22 を合成）
左上の黒い湾入部がマルマラ海，その右の黒い部分がサパンジャ湖，左下の黒い部分がイズニック湖．

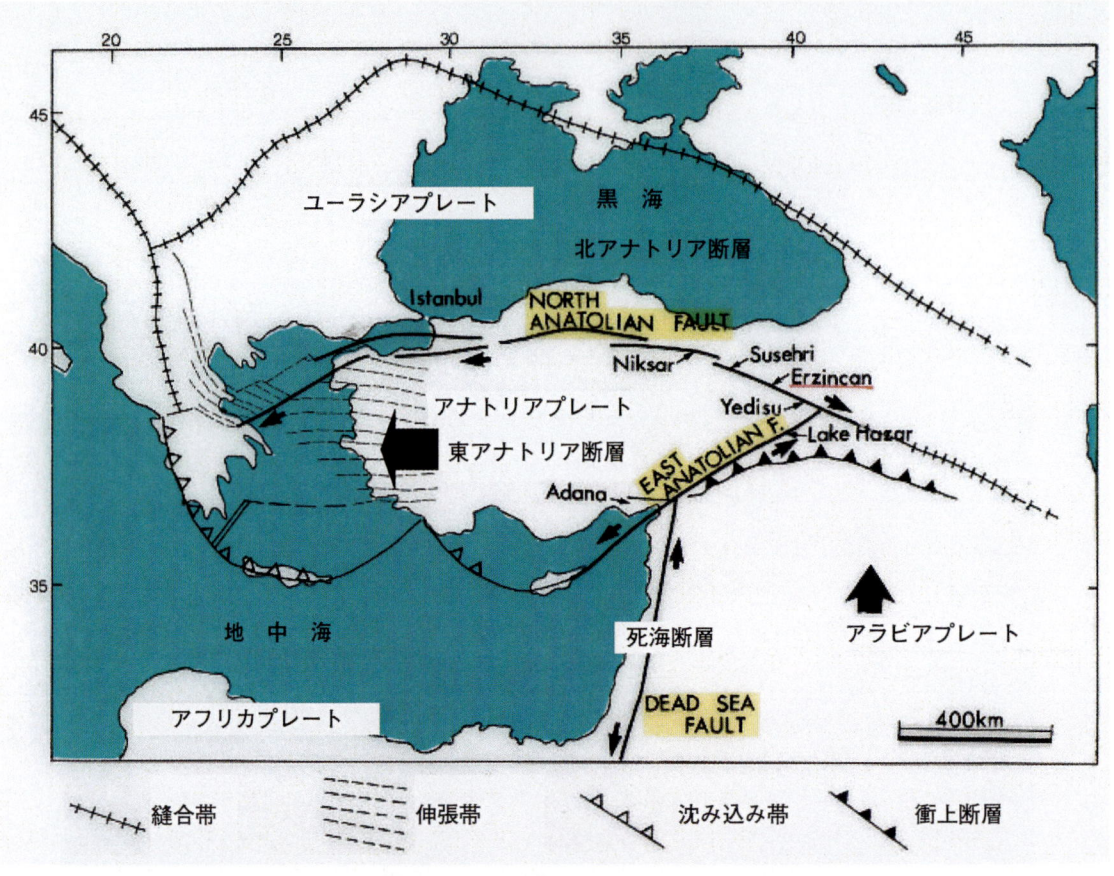

図 17.2　トルコ周辺のテクトニクス

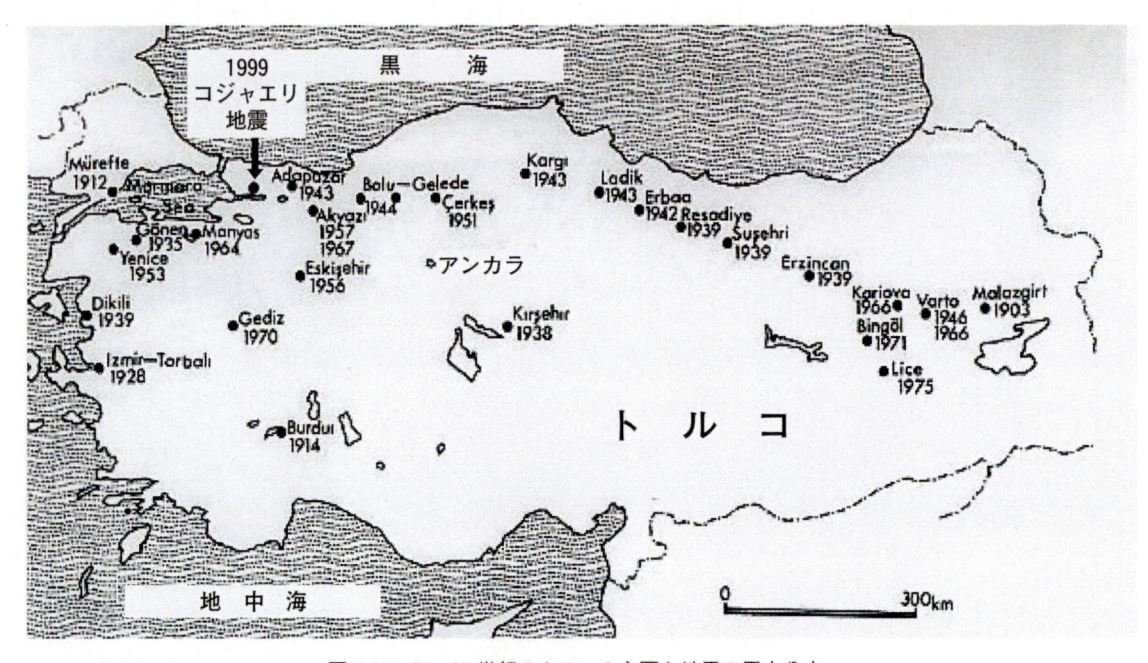

図 17.3　20〜21世紀のトルコの主要な地震の震央分布

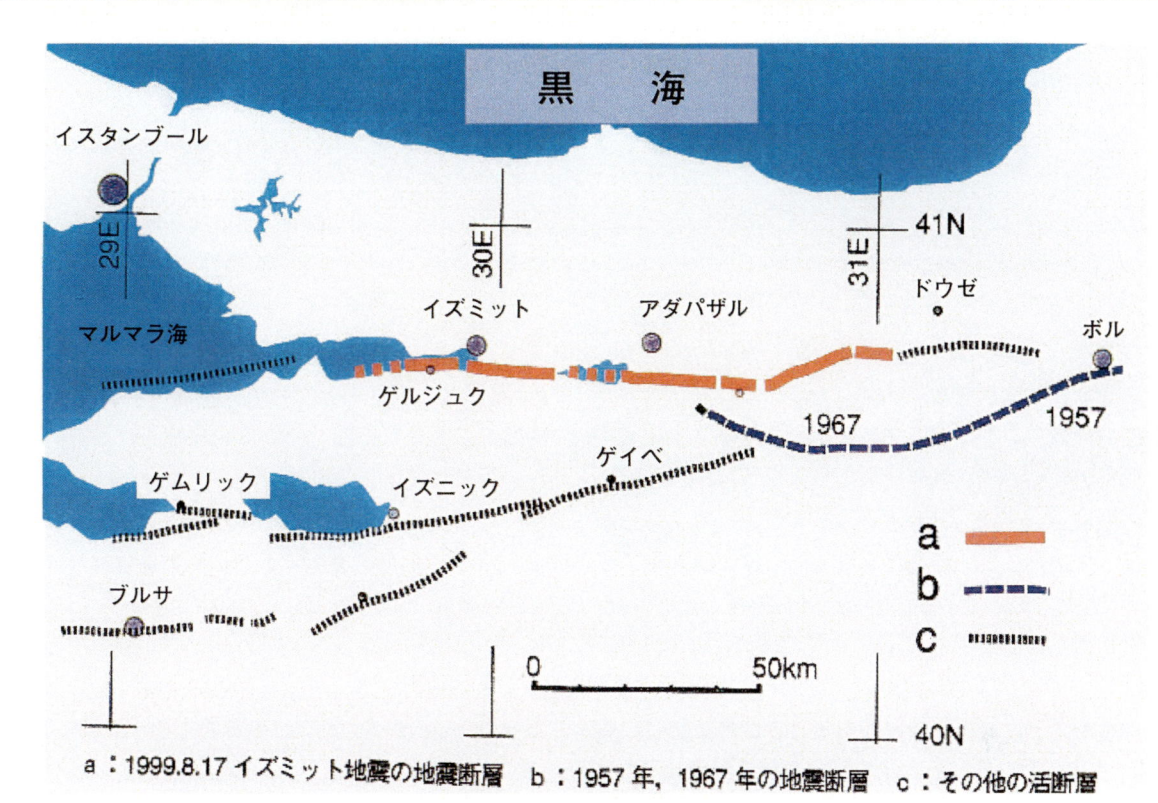

図 17.4　トルコ北西部の地震断層分布（地質調査所，1999）

a：1999.8.17 イズミット地震の地震断層　b：1957年，1967年の地震断層　c：その他の活断層

図 17.5　1999年イズミット（コジャエリ）地震の地表地震断層．右横ずれに対応した雁行配列を示すセグメント群（ジャルカレ近傍）

18 崑崙断層
──チベット高原を今も引き裂く活断層

　チベット高原は，インド亜大陸とユーラシア大陸が衝突して形成された，地球上で最も高くそびえた地域で，平均標高は 4,500 m を越えている（図 18.2）（Molnar and Tapponnier, 1975）．崑崙（クンルン）断層系は，このチベット高原の北部を東西から西北西−東南東の走向で延長 1,600 km の延長を持つ，中国最大規模の横ずれ断層の1つである（Molnar and Tapponnier, 1975；Van der Woerd et al., 1998）．この断層系は，インド亜大陸の衝突によって生じた北東方向への圧縮によるチベット高原の東方への押し出しに重要な役割を果たしている（Avouac and Tapponnier, 1993）．第四紀後期における平均変位速度は年 10 ± 1.0 ㎜ である（Van der Woerd et al., 1998；Fu et al., 2005）．

　この崑崙断層系の痕跡は，ASTER 画像にはっきりとしたリニアメントとして現れている（図 18.1）．2001 年 11 月 14 日に庫賽湖（クサイフ）−崑崙峠セグメントで起こったマグニチュード 7.8（Mw7.8）の崑崙地震は，崑崙断層系の地震としては最も新しいものである（Lin et al., 2002）．この地震によって，400 km 以上にわたって長く続く地表地震断層が現れた（Fu and Lin, 2003）．これは，典型的な左横ずれ断層で，約 3〜7 m のずれが確認されている（Fu et al., 2004）．この地表地震断層は，ASTER 画像によっても観察することができる（図 18.3）．野外観察の結果，この地表地震断層は剪断断層，引張性の割れ目，モールトラック構造などから形成されていることがわかった（図 18.4）．このように ASTER データは，チベット高原のような遠隔山岳地域における巨大活断層の地表変形の解析に，非常にパワフルなツールとして役立っている．

　　モールトラック構造（mole track structure）：もぐらが通った跡のように地震断層に沿って地面が盛り上った構造．

　　ハーフグラーベン構造（half-graben structure）：半地溝．地形的凹地の片側が断層である構造．

■ 文　献

Avouac, J.P. and Tapponnier, P.（1993）：Kinematic model of active deformation in central Asia. *Geophysical Research Letter*, 20：895-898.

Fu, B. and Lin, A.（2003）：Spatial distribution of the surface rupture zone associated with the 2001 Ms 8.1 Central Kunlun earthquake, northern Tibet, revealed by satellite remote sensing data. *International Journal of Remote Sensing*, 24：2191-2198.

Fu, B., Awata, Y., Du, J. and He, W.（2005）：Late Quaternary systematic stream offsets caused by repeated large seismic events along the kunlun fault, northern Tibet. *Geomorphology*, 71：278-292.

Lin, A., Fu, B., Guo, J., Zeng, Q., Dang, G., He, W. and Zhao, Y.（2002）：Co-seismic strike-slip and rupture length produced by the 2001 Ms 8.1 Central Kunlun earthquake. *Science*, 296：2015-2017.

Molnar, P. and Tapponnier, P.（1975）：Cenozoic tectonics of Asia：Effects of continental collision. *Science*, 189：419-426.

Van der Woerd, J., Ryerson, F. J., Tapponnier, P., Gaudemer, Y., Finkel, R.C., Meriaux, A.S., Caffee, M. W., Zhao, G. and He, Q.（1998）：Holocene left slip-rate determined by cosmogenic surface dating on the Xidatan segment of the Kunlun Fault（Qinghai, China）. *Geology*, 26：695-698.

崑崙断層——チベット高原を今も引き裂く活断層　91

図 18.1　崑崙断層庫賽湖地域の ASTER 画像（2002.4.13, B：G：R＝1：3：7）
画像北部において，庫賽湖の北側に東西方向延長の活断層がある（赤い矢印の部分）．ASTER 画像の位置は，図 18.3 に示されている．

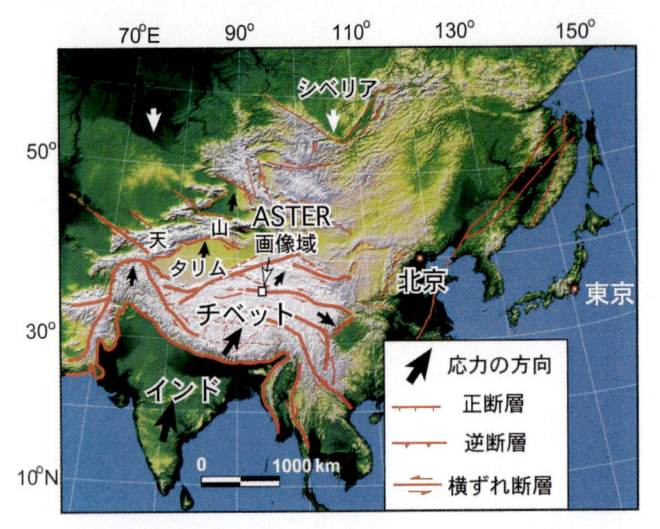

図 18.2 アジア大陸へのインド大陸の衝突によって形成された活構造を簡略に示した図 (Avouac and Tapponnier, 1993 および Fu et al., 2003 による)

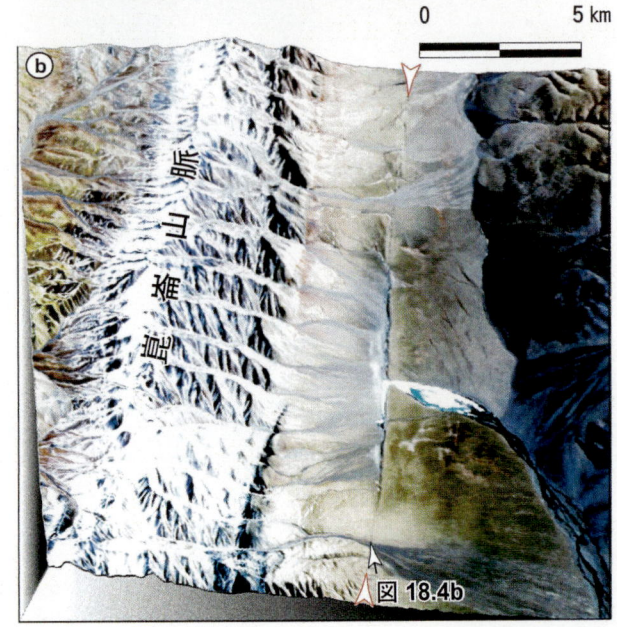

図 18.3
(a) 庫賽湖西部の ASTER 画像（2002.4.13）．庫賽湖の北縁に沿って，明瞭な地表地震断層が見て取れる（赤い矢印の部分）．この図の位置は，図 18.1 を参照．
(b) 庫賽湖の北西部の鳥瞰図．崑崙山地震に伴う地表地震断層とハーフグラーベン構造．この図の位置は，図 18.1 を参照．

崑崙断層——チベット高原を今も引き裂く活断層 93

図 18.4
(a) 庫賽湖北岸崑崙山地震に伴う地表地震断層(東を望む).写真の撮影地点は図18.3(a)に示した.(b) 庫賽湖北西崑崙山地震に伴う地表地震断層と長期累積変位形成のハーフグラーベン構造(東を望む).写真の撮影地点は図18.3(b)に示した.

19 天山山脈の活褶曲
——大陸内部で成長を続ける皺と傷

　中国北西部に位置する天山（テンシャン）山脈は，インド亜大陸とユーラシア大陸の衝突によって，新生代後期に隆起，変形した地域である（図19.1）（Tapponnier and Molnar, 1979；Avouac and Tapponnier, 1993）．

　天山山脈の北縁には，活褶曲と活断層が形成されており，ASTER画像にくっきり現れている（図19.1，図19.2）．全部で3列の褶曲-衝上断層帯があり（Fu et al., 2003），独山子（ドゥシャンズー）背斜や安集海（アンジハイ）背斜はその最北部に位置している（図19.3）．これらの活褶曲では，新生代後期の地層が変形し，褶曲している．また活褶曲により河川の流路変更が起こり，褶曲した扇状地とは別の流路で新たな扇状地が形成されている（図19.4）．

　天山山脈の中央北側に位置する独山子油田は1940年代に開発され，中国で最も古い油田の1つである（ECPGXJ, 1993）．独山子背斜の北翼では，高さ約200 mの活動的な泥火山がある（図19.5）．泥火山は，異常な高間隙水圧をもった（非常に水圧の高い）泥水が，地下から地層中の割れ目を伝って，地上に噴出して，山のように積もったものである．泥火山の頂部には直径115 mのクレータがあり，その中により小さな泥火山の噴火口が形成されている．そのうち3つの噴火口では，現在も泥水がガスとともに吹き出している（図19.6）．独山子背斜の軸部では，赤色層が石油形成に伴う変質で緑色化した地層や油徴（石油が溜まった池）が地表に露出している．これらの油徴や泥火山は，背斜の頂部に発達し

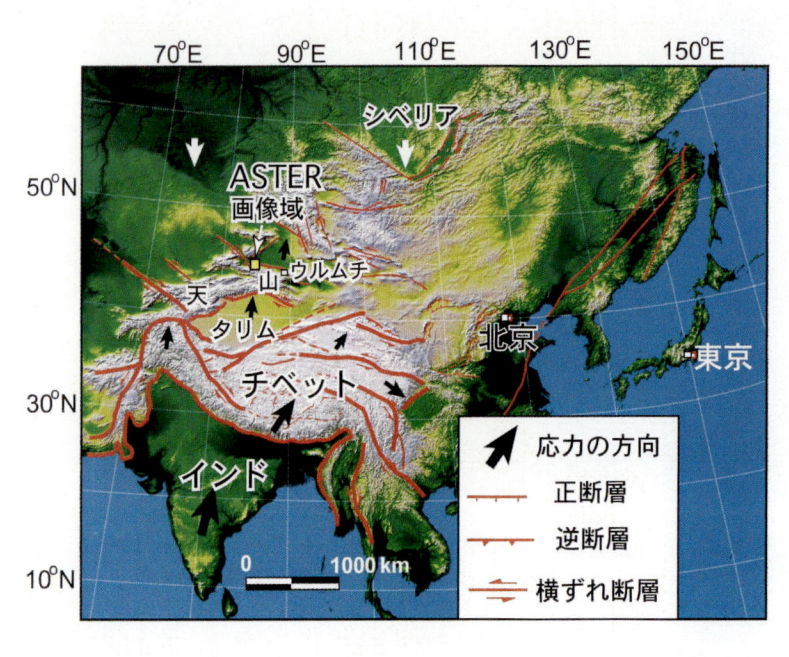

図19.1　アジア大陸へのインド大陸の衝突による活構造を簡略に示した図（Avouac and Tapponnier, 1993およびFu et al., 2003による）

た正断層に沿って形成されている．

このように ASTER 画像は，天山山脈を含め，中国西部の乾燥した地域の活褶曲や活断層などの地質構造やテクトニクスの解析に非常に重要なツールとなっている．

褶曲-衝上断層帯（fold-thrust zone）：造山帯の縁辺部に見られる圧縮場で発達した褶曲と衝上断層（スラスト）の卓越する地帯．

図 19.2 天山山脈北側の ASTER 画像（2004.8.18，B：G：R＝1：3：7）
画像中央部において，扇状地の真ん中に東西方向の軸を持つ活背斜が形成されている．ASTER 画像の位置は，ウルムチの西方で，図 19.1 に示されている．

■ 文献

Avouac, J.P. and Tapponnier, P. (1993): Kinematic model of active deformation in Central Asia. *Geophysical Research Letter*, **20**: 895-898.

Editorial Committee of Petroleum Geology of Xinjiang (ECPGXJ) (1993): *Petroleum Geology of China: Xinjiang Petroleum Province*, **15**(1), Petroleum Industry Press, Beijing, 399 p.

Fu, B., Lin, A., Kano, K., Maruyama, T. and Guo, J. (2003): Quaternary folding in the eastern Tian Shan, northwestern China. *Tectonophysics*, **369**: 79-101.

Tapponnier, P. and Molnar, P. (1979): Active faulting and Cenozoic tectonics of the Tien Shan, Mongolia, and Baykal regions. *Journal of Geophysical Research*, **84**: 3245-3459.

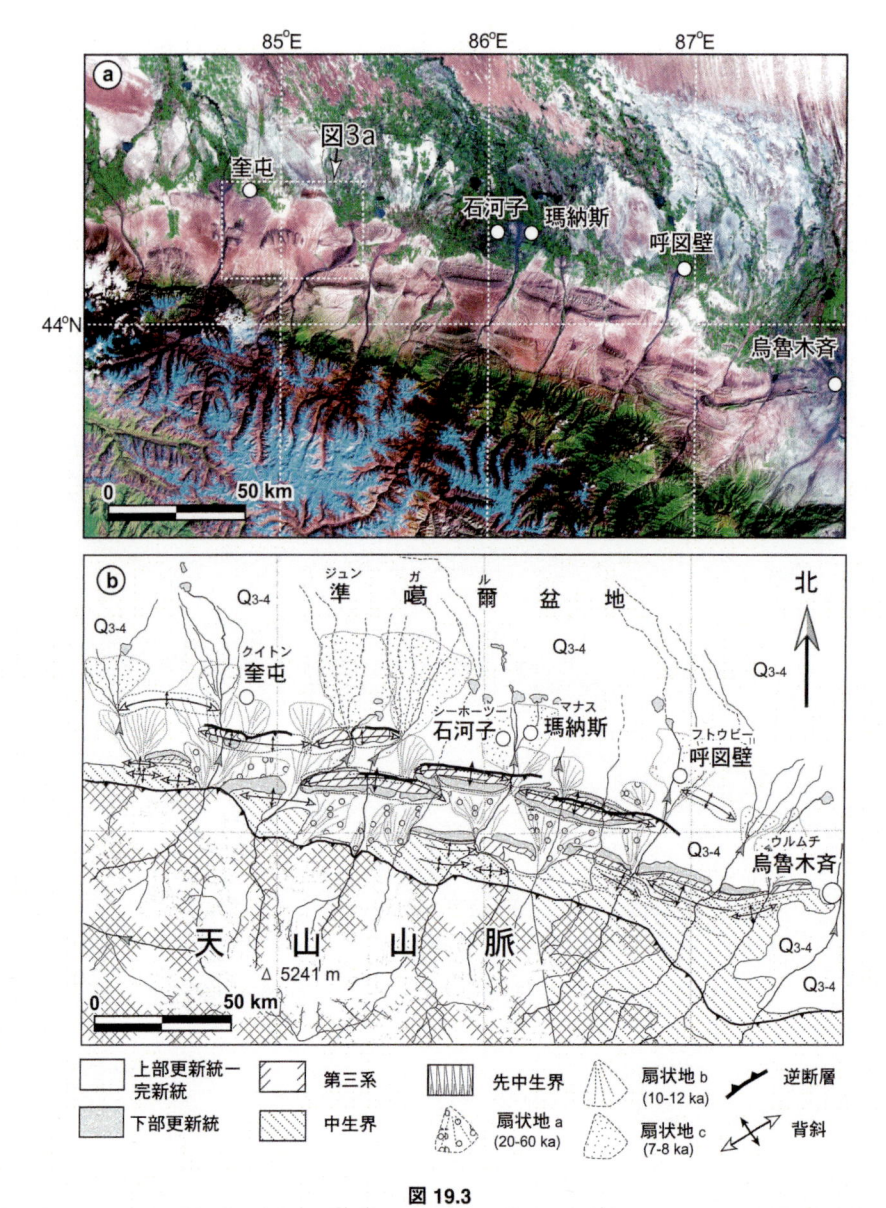

図 19.3
(a) 天山山脈北麓の Landsat TM 画像, (b) 衛星画像と野外調査に基づいて作成された天山山脈北麓の地質図 ((a) と同じ位置).

天山山脈の活褶曲――大陸内部で成長を続ける皺と傷　97

図 19.4

(a) 天山北麓における成長しつつある活褶曲を示した ASTER 画像（独山子およびその東方）（2004.8.18）．活褶曲の形成によって，河川の流路が変更され，最初に形成された扇状地は遺棄され，新しい流路を使って新たな扇状地が形成されつつあるのが見て取れる．第四紀後期の扇状地が撓んでいる状態を白の矢印で示してある．(b) 天山山脈北麓の活褶曲を北側から撮影した．天山山脈の手前の小高い丘に見える部分が活褶曲で，この図の左右の方向に背斜軸が延びている．

98 地球の成長を追う

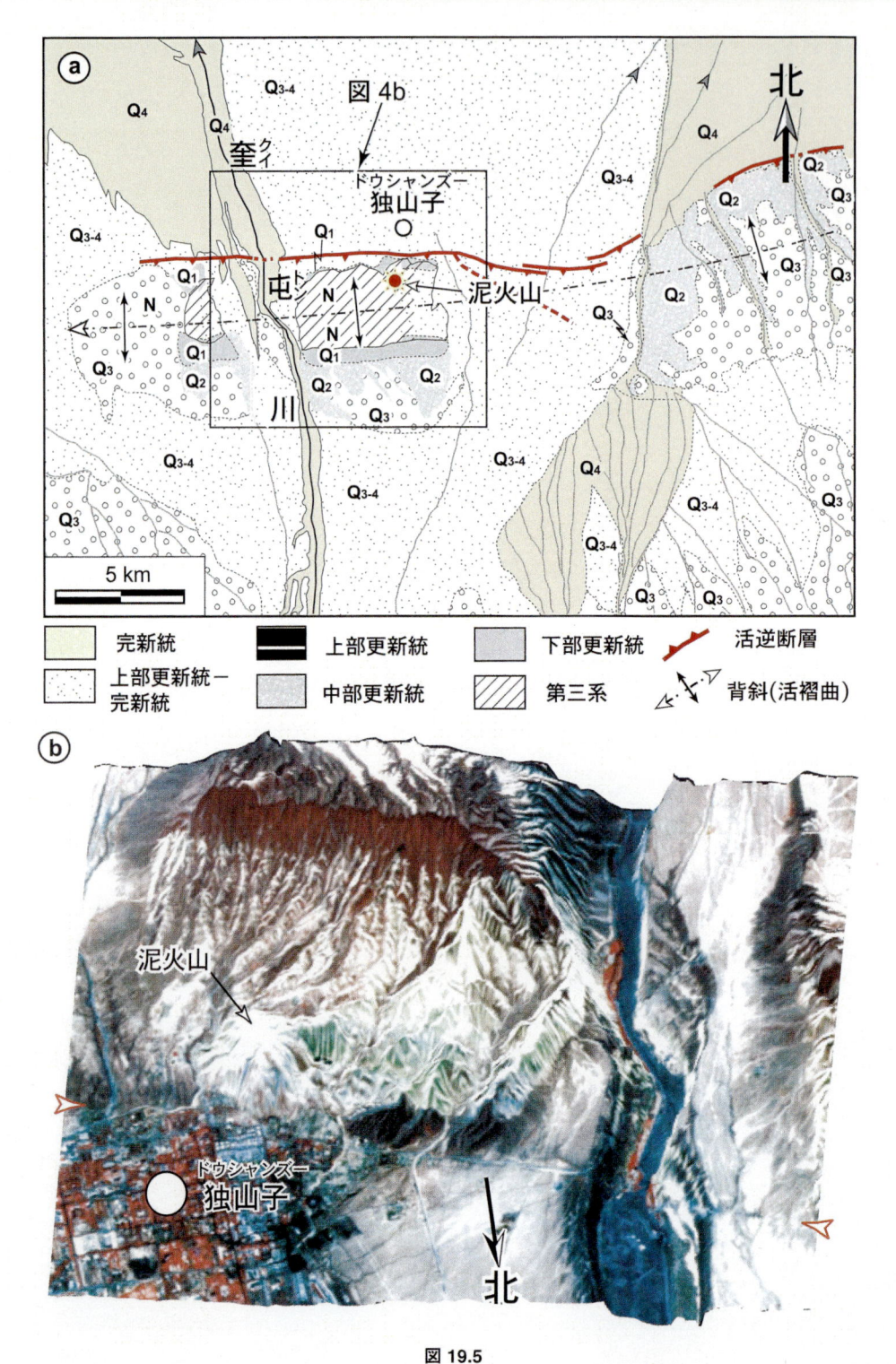

図 19.5
(a) 独山子背斜周辺の地質図．(b) 独山子地域の ASTER フォールスカラー画像の鳥瞰図（2004.8.18）．活断層の断層崖が，独山子背斜の北翼に発達していることがわかる（赤い矢印の部分）．また，活褶曲の軸部付近には泥火山が噴出している．

図 19.6 独山子背斜における泥火山と油徴（石油が噴出して溜まっている池）
(a) 独山子背斜の軸部．赤い地層が鮮新世の独山子層で，灰色の礫岩が早期更新世の西域層．黒い池が油徴である．
(b) 泥火山のクレータ．(c) 泥火山のクレータ内の中央噴出丘．(d) と (e) 泥火山における泥噴出口．現在も活発に泥水およびガスが噴出している．

20 ザグロスの褶曲
——地震をもたらすイラン高原の皺

　イラン高原地域は，南西部のアラビア半島が位置するアラビアプレートと北東部のツランプレートに挟まれたアルプス-ヒマラヤ造山帯の一部をなす世界有数の地殻変動・地震活動の活発な地域であり，多くの地震断層・活断層の分布が知られている（図20.2）．最近でも，230人の死者を出した2002年6月22日のイラン北西部地震（M 6.3）や約4万人という死者を出した2003年12月26日のケルマン州のバム地震（M_s6.5）などは記憶に新しい．地質学的には，南西部のザグロス（活）褶曲帯・中央イラン地域・カスピ海南岸のアルボルツ山脈地域および北東部のコッペダー山脈地域に区分され，各々特徴的な地震活動が生じている．特に本ASTER画像の位置する北西-南東方向に延びるザグロス（活）褶曲帯は，長さ1,500km，幅200〜300kmで，アラビアプレートが中央アジア側に潜り込むことに起因する北東方向への圧縮下にある．その北東縁は，右横ずれ高角逆断層をなす主ザグロス断層である．

　この地域の基盤は，中生代ジュラ紀〜新生代新第三紀の広範な地質時代の整合一連の堆積岩類である．すなわち，ジュラ紀〜新第三紀中新世初期の岩石は，浅海性の石灰岩や泥灰岩が卓越し，乾燥気候を示唆する蒸発岩類を挟む．中新世中〜後期の岩石は，厚い赤色堆積岩類と蒸発岩からなる（図20.3）．これらの岩石は，主に新第三紀鮮新世に褶曲し，鮮新世〜第四紀更新世の礫層に覆われるが，一部は現在でも活褶曲として変形を続け，画像に見られるようなみごとな褶曲地形を呈し，侵食・崩壊・埋積地形や河川の流路を支配している．わずかな褶曲軸の沈み込み（プランジ）が見られるが，褶曲軸間の平行性は強く，北東〜南西方向の圧縮に対応した座屈褶曲の形態特性をよく表現している（図20.1）．

　　蒸発岩（evaporate）：海水・湖水などの蒸発によって溶解成分が析出して形成された堆積岩．
　　座屈褶曲（buckling fold）：地層面に平行な圧縮力によって変形が地層面に垂直な方向に発達する座屈によって形成される褶曲．

■ 文 献

Aghanbati, A.（1986）：*Geological Map of Iran（1：5,000,000）*, Geological Survey of Iran and CGMW.
Berberian, M.（1976）：Contribution to the seismotectonics of Iran（Part II）．*Documented earthquake faults in Iran*. Geological Survey of Iran, Report No. 39, 517 p.
Nowroozi, A. A.（1985）：Empirical relations between magnitudes and fault parameters for earthquakes in Iran. *Bulletin of the Seismological Society of America*, 75：1327-1338.
加藤碩一（1989）：地震と活断層の科学．朝倉書店，192-202.

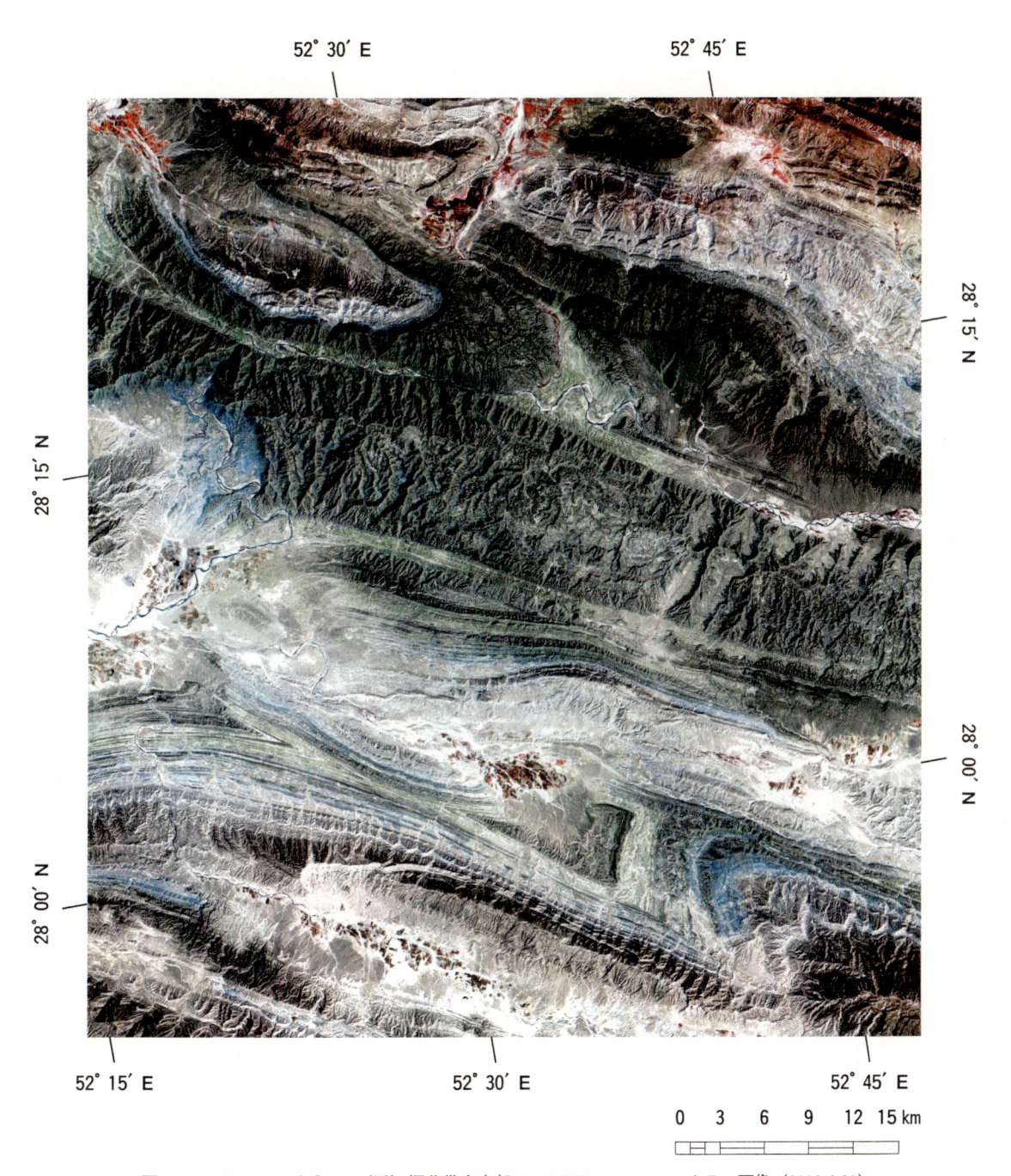

ザグロスの褶曲——地震をもたらすイラン高原の皺　*101*

図 20.1　イラン・ザグロス（活）褶曲帯南東部の ASTER フォールスカラー画像（2002.4.28）

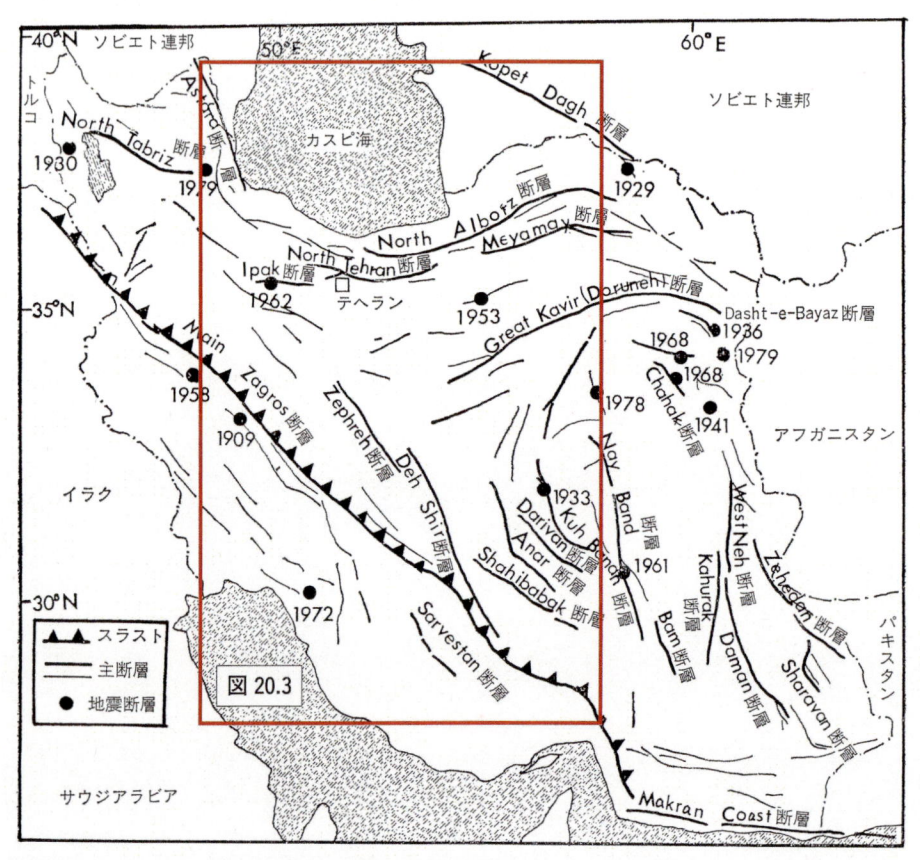

図 20.2 イランおよび周辺地域の活断層・地震分布図（Berberian, 1976；Nowroozi, 1985 より加藤，1989 作図に加筆）

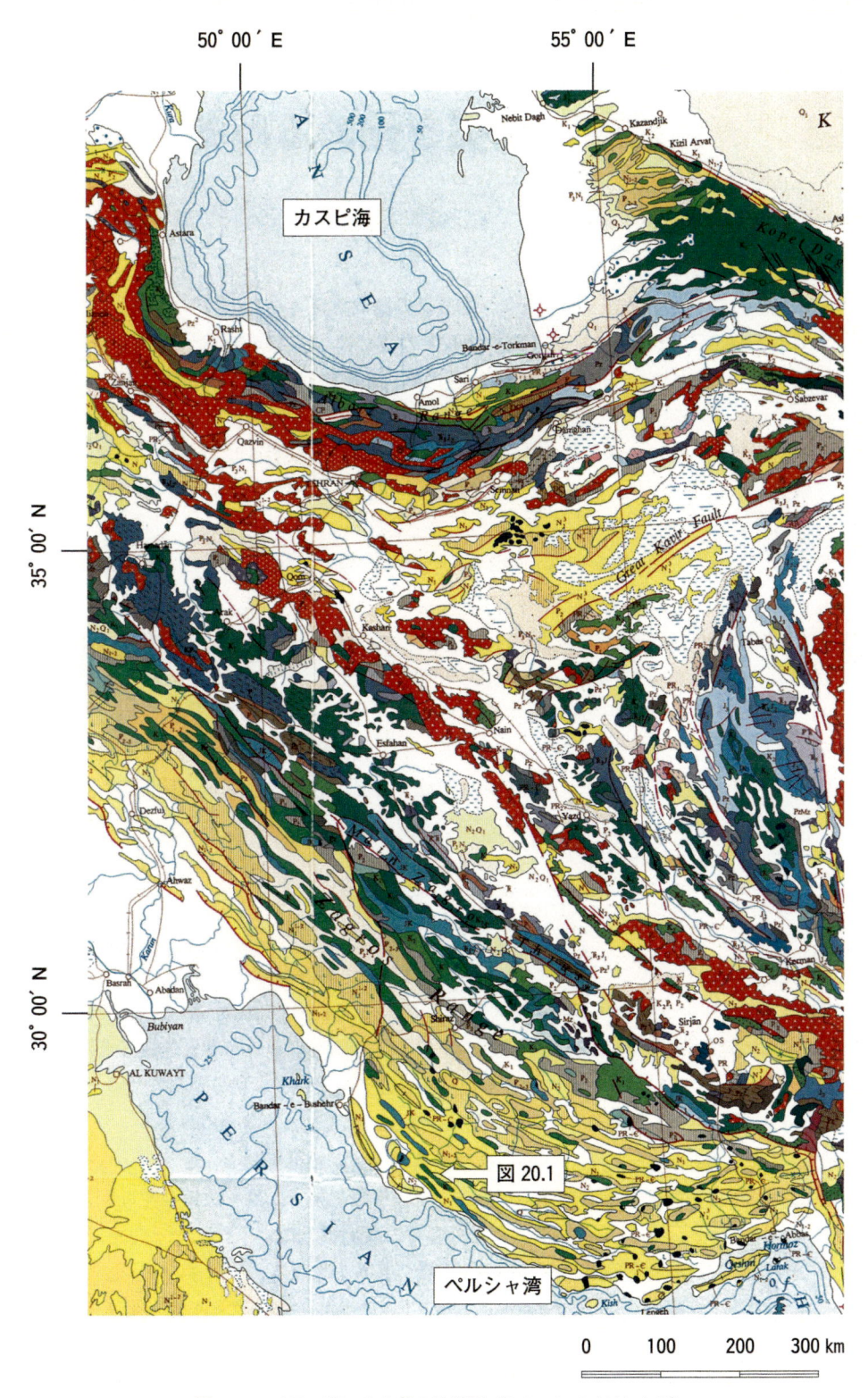

図 20.3　イラン西〜中央部の地質図（Aghanbati, 1986 より）
Q・Q_1：第四紀，N（N_1, N_2…）：新第三紀，P（P_1, P_2…）：古第三紀，K（K_1, K_2）：白亜紀，J（J_1, NJ_2…）：ジュラ紀，その他は中・古生代（暖色は火成岩類）．

21 スレマン褶曲帯
——地球の果実を秘めるパキスタンの皺

インダスの大河とその西にそびえるスレマン褶曲帯の山塊を捉えた本画像（図21.1）中には，地下約2 kmに横たわるドダック（Dhodak）ガス田の地表での姿がはっきりと映し出されている．

中生代白亜紀後期（約8,000万年前）以降，1年間に15～20 cmという高速度で北上していたインドプレートは新生代始新世前期（約5,000万年前）に巨大なユーラシアプレートと衝突した．その後も現在に至るまで2つの大陸プレートの収束境界で圧縮テクトニクスが進行した結果，パキスタンの北縁から西縁には幾重にも並行して連なる多数の褶曲構造と逆断層が形成された．その中央部に位置し，南に舌状に張り出して見えるのがスレマン褶曲帯である（図21.2）．

石油・ガスは流体であるため長い地質時間の中で容易に移動，散逸してしまうが，地層の褶曲によって形成される背斜構造は，石油・ガスを地下のある場所に封じ込めるために都合のいいトラップを提供する．スレマン褶曲帯では1950年代からこのような背斜構造を対象に石油・ガスの探査を目的とした坑井が掘削されてきた．図21.3の背斜構造では1976年に試掘が行われ，ガス可採埋蔵量が850 BCF（240億 m³）を超えるドダックガス田が発見された．

ASTERデータから作成したDEMをもとに計測される地層の走向傾斜（図21.3上段）と地質層序の判読結果から，地下での地層の分布，構造形態を推定することが可能となる．断層折れ曲がり褶曲モデルを適用したドダック構造を横切るバランス断面図（図21.3下段）では，白亜紀から始新世の地層を1つのユニットとするスラストシートが2つ重なるデュープレックス構造が存在する可能性が示される．このことから，既存のガス田の深部にまだ発見されていない別のガス田が潜在していることを期待させる．

図21.4の画像の地域はスレマン褶曲帯の内陸側に位置し，地層の褶曲形態が西から東に向かって穏やかになる様子が捉えられている．ステレオペアデータから作成した鳥瞰画像（図21.5上段）では，この付近で最も古い地層であるジュラ紀の石灰岩の上位に，白亜紀のインド亜大陸縁辺の陸棚に堆積した砂岩，泥岩，石灰岩が重なり，それぞれの侵食抵抗度を反映したケスタ状の地形をつくっていることが，あたかも現地で展望しているかのように認識できる．ASTERのマルチスペクトルデータ（図21.5中段）とこの微細な地形情報から，白亜紀の地層は5つのユニットに細分される（図21.5下段）．前述のドダック構造のガスは図21.1の画像の右側に広がるインダス平原の地下に深く埋没し熱分解された白亜紀前期の泥岩（K_1^1ユニットの下部）から生成されたもので，背斜構造の地下に広がる白亜紀後期（K_2^3ユニット）および暁新世のデルタ成砂岩の中に移動，集積したものである．

  デュープレックス（duplex）：断層が発達する過程で，その屈曲部で新たな断層面が生じ，周囲を断層で境されたレンズ状ブロック（ホース）が形成される．これらが二重三重に瓦を斜めに重ねたようになる構造をいう．

  ケスタ（cuesta）：一方向が緩傾斜で，他方向に急傾斜をなす横断面が非対象的な丘陵地形．

■ 文 献
Bender, F. K. and Raza H. A.（1995）：*Geology of Pakistan*, Gebruder Borntraeger, Berlin, 414 p.

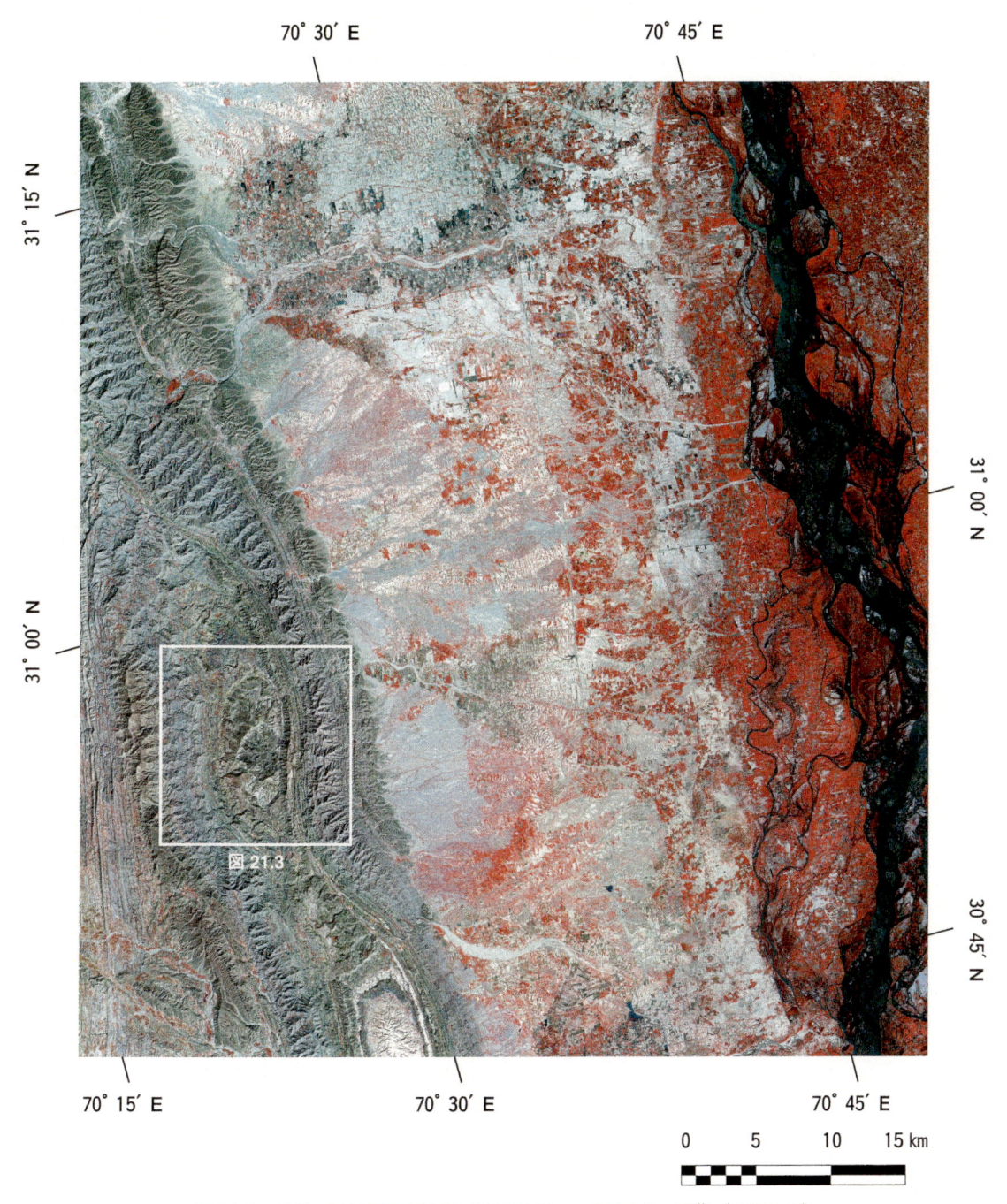

スレマン褶曲帯——地球の果実を秘めるパキスタンの皺　105

図 21.1　ドダック構造周辺地域の ASTER フォールスカラー画像（2001.9.28）

106　地球の成長を追う

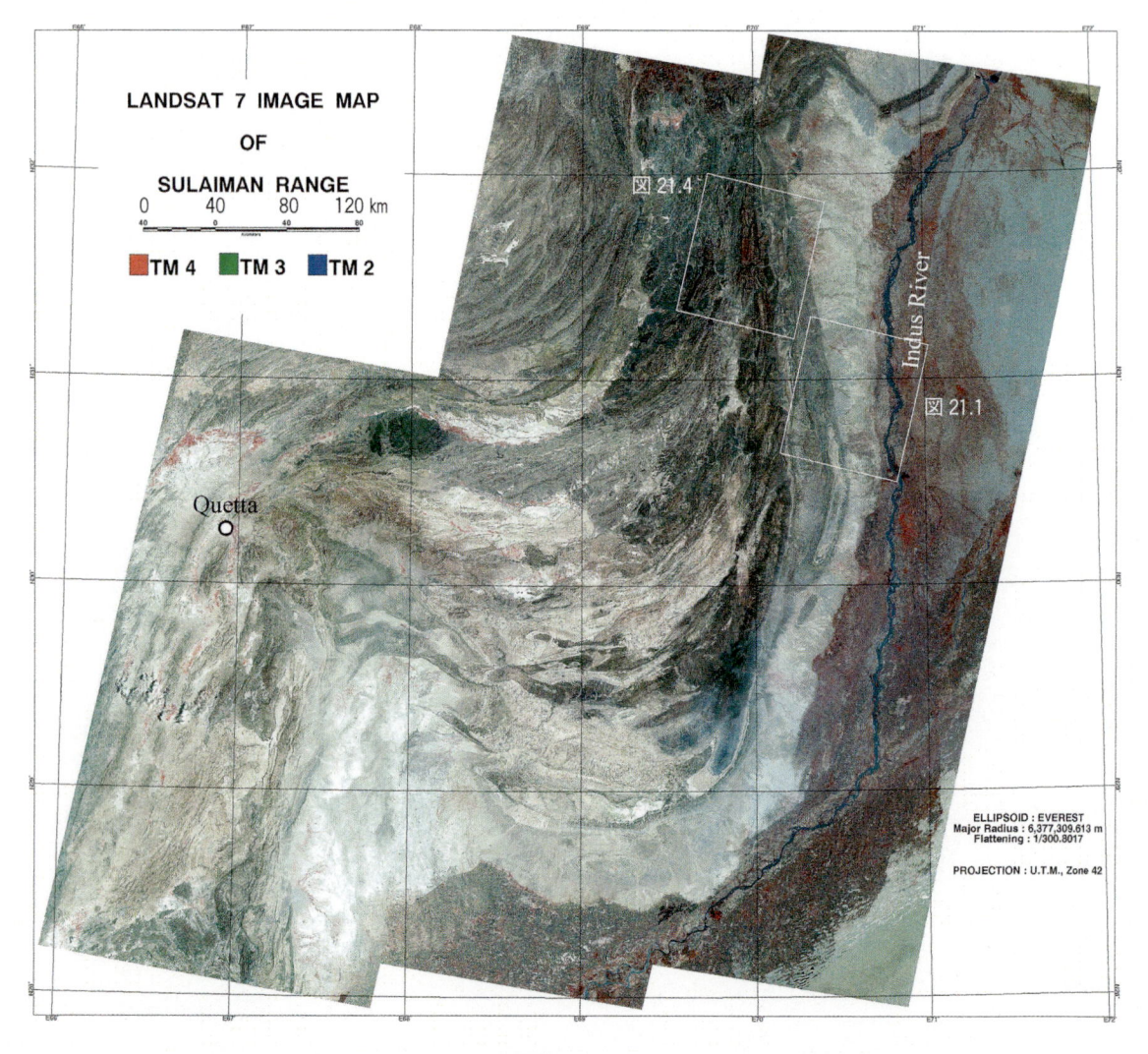

図 21.2　パキスタン中部スレマン褶曲帯の Landsat フォールスカラー画像モザイク
（2000.5.27/2000.6.3/2000.6.21，B：G：R＝ 2：3：4）

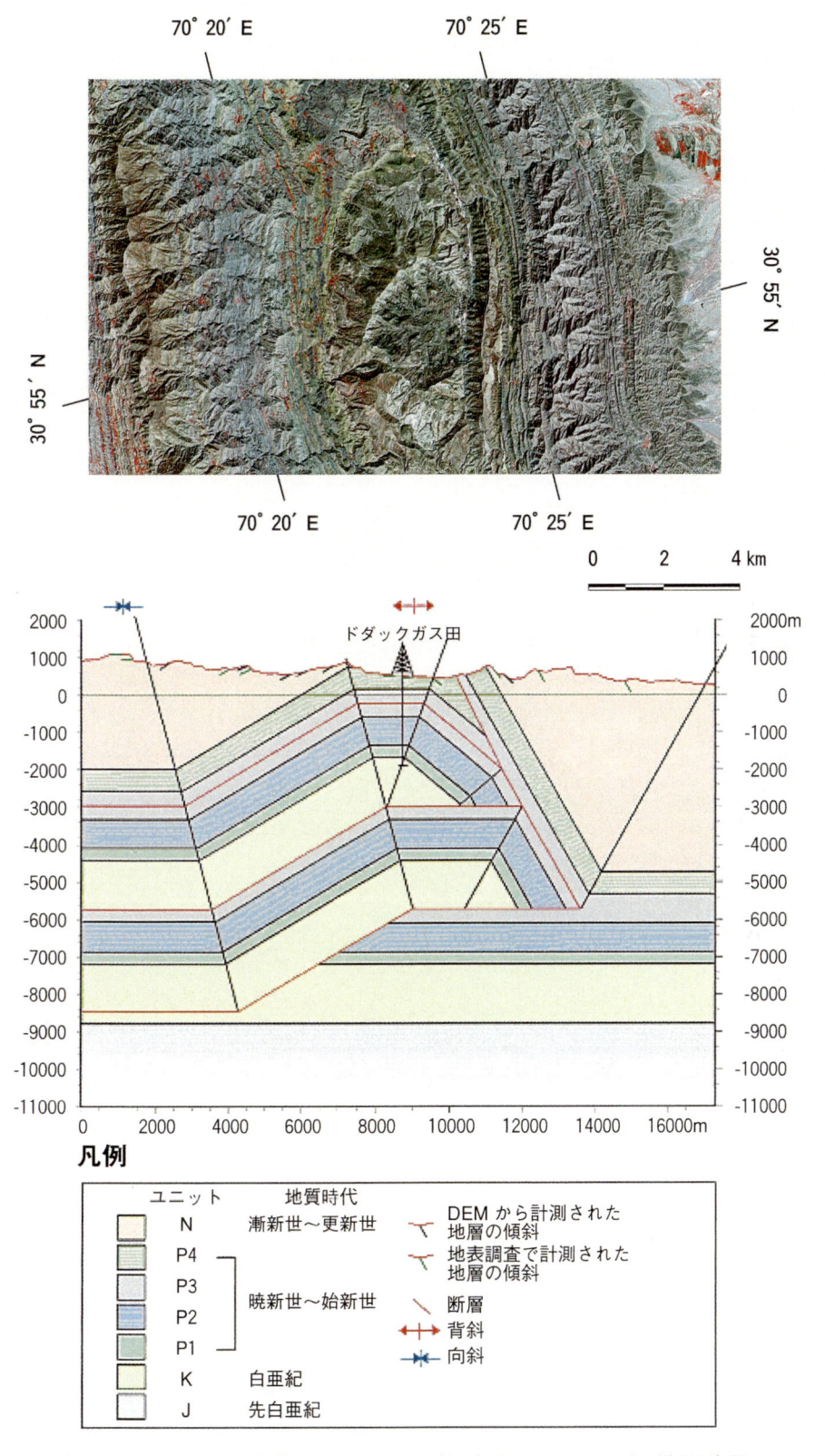

スレマン褶曲帯——地球の果実を秘めるパキスタンの皺　107

70°20′E　　70°25′E

30°55′N

ドダックガス田

凡例

ユニット	地質時代
N	漸新世〜更新世
P4	
P3	暁新世〜始新世
P2	
P1	
K	白亜紀
J	先白亜紀

- DEMから計測された地層の傾斜
- 地表調査で計測された地層の傾斜
- 断層
- 背斜
- 向斜

図 21.3　地層の走向傾斜計測結果と断層折れ曲がり褶曲モデルによる地下構造解釈図

図 21.4　ムガールカット（Mughal Kot）周辺地域の ASTER フォールスカラー画像（2001.5.23）

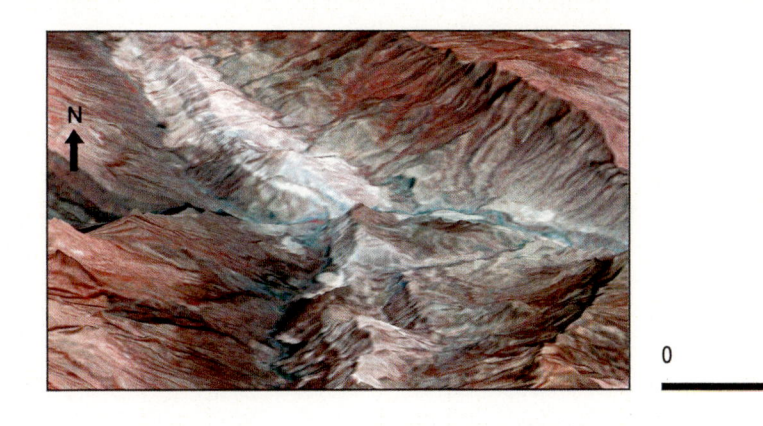

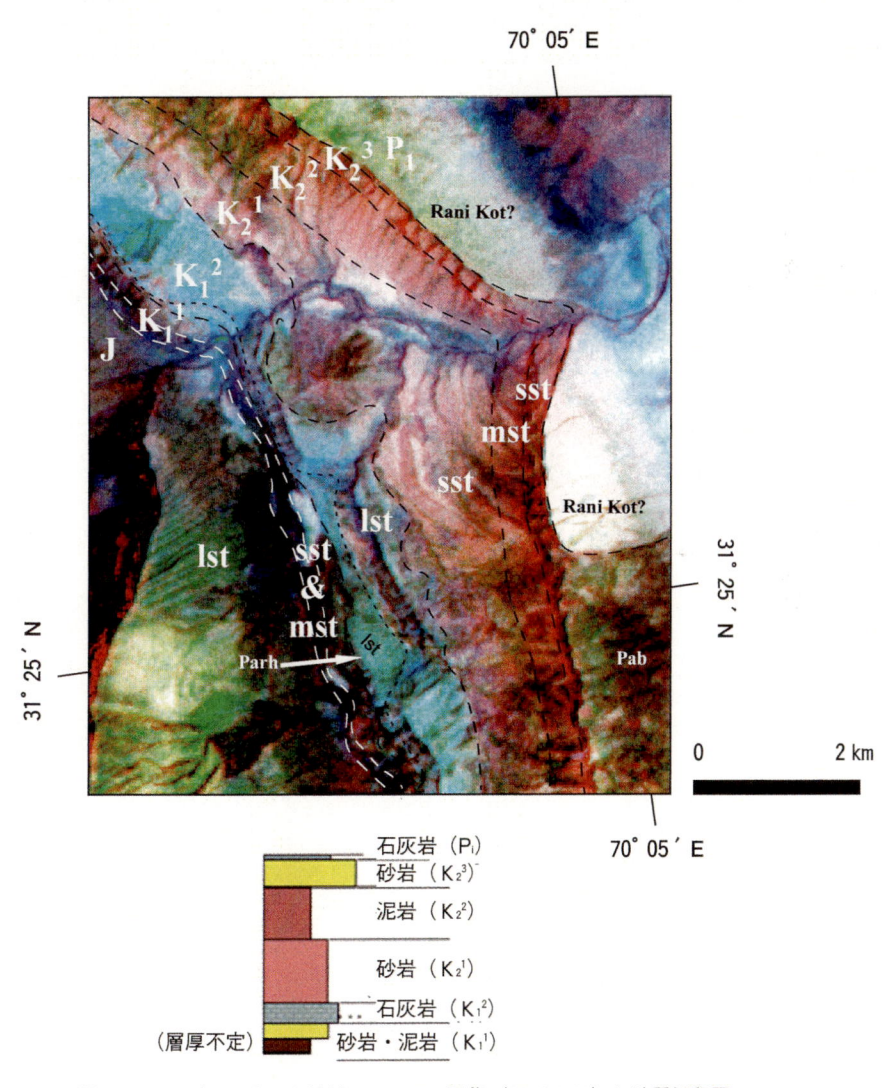

スレマン褶曲帯――地球の果実を秘めるパキスタンの皺　109

図 21.5 ムガールカット地域の ASTER 画像（2001.5.23）と地質解釈図
　　　　上：フォールスカラー画像の鳥瞰図，中：B：G：R＝1：3：8．

凡例：
- 石灰岩（P_1）
- 砂岩（K_2^3）
- 泥岩（K_2^2）
- 砂岩（K_2^1）
- 石灰岩（K_1^2）
- 砂岩・泥岩（K_1^1）（層厚不定）

22 メテオール・クレータ
―― 宇宙との関わりを示すアリゾナの隕石孔

　アメリカ合衆国アリゾナ州ココニノ郡にあるメテオール・クレータ（Meteor Crater）は，バリンジャー・クレータとも呼ばれている．このクレータは，かつては火山活動によって形成されたと考えられたこともあったが，現在では隕石の衝突によってできたインパクト・クレータであると判明している．

　1891 年，奇妙な形をした鉄の破片が，クレータの西のキャニオン・ディアブロ（Canyon Diablo）から発見された．1905 年にバリンジャー（Barringer）は，このクレータが，鉄隕石の衝突によってできたものであると報告した（Barringer, 1905）．

　現在，クレータと推定されるものは，世界中に 300 個以上あるが，そのうち 198 個が隕石の衝突だと判定されている（Graham et al., 1985）．メテオール・クレータは，世界で最初に隕石によるクレータであると確認されたものである．

　このクレータをつくったキャニオン・ディアブロ隕石（図 22.2）は，鉄隕石に属し，2.0 mm 幅のバンド状組織を持つ粗粒のオクタヘドライトに分類される（Grady, 2000）．鉄を主成分として，6.98 wt ％のニッケルを含む他，0.5 wt ％のコバルト，342 ppm のゲルマニウム，81.8 ppm のガリウム，1.9 ppm のイリジウムなどを微量成分として含む．隕石の形成年代は，Re-Os 法によって 43 億年前との年代値が得られている．またウランによる年代測定から約 3,500 年前に衝突したと推定されている（Grady, 2000）．クレータの周辺の十数 km にわたって，大小の鉄隕石が飛び散っており，発見されている最大のものは，バリンジャー隕石会社が所有する 454 kg のものである．

　メテオール・クレータの縁は，周辺の平原と比べて 50 m 近く盛り上がっており，凹地は直径 1,186 m，深さ 170 m の大きさがある（図 22.1，図 22.3，図 22.4）．衝突に伴って下位からトロウィープ（Toroweap）層，カイバブ（Kaibab）層，モエンコピ（Moenkopi）層がめくれ上がり，クレータの縁では逆転して繰り返されている．周囲の地層には破壊された最下位のココニノ（Coconino）層の岩石の巨大な放出物が落ちている（図 22.5）．

　これくらいのサイズのクレータをつくるためには，衝突した鉄隕石の大きさはどれくらいと見積もられるだろうか．衝突のエネルギーは，質量に比例し速度の 2 乗に比例することから，質量やサイズを概算できる．鉄隕石が最高速でぶつかったとすると直径 30 m，最も低速だと直径 90 m のものがぶつかったと見積もられる．質量にすると，小さければ 10 万トン，大きければ 300 万トンという範囲が可能だが，質量の見積もりは，研究者によって大きくばらつく（Grady, 2000）．最大の見積もりである 300 万トンにしても，バリンジャーが考えていた量の 3 割にすぎない．

　技術者でもあり法律家でもあったバリンジャーは，政府の許可をとり，1904 年から，このクレータで鉄の採掘を始めた．バリンジャーは，周辺に大量の鉄隕石が散らばっていることから，クレータの底にもっと大きな鉄隕石の塊があるはずだと考えた．しかし，27 年も探索を続けたが，鉄隕石の塊は見つからず，クレータの奥にめり込んだのではなく，ばらばらになって散らばったことが明らかになった．最終的には，周辺からは，約 30 トンの鉄隕石が回収されている（Roddy, 2004）．

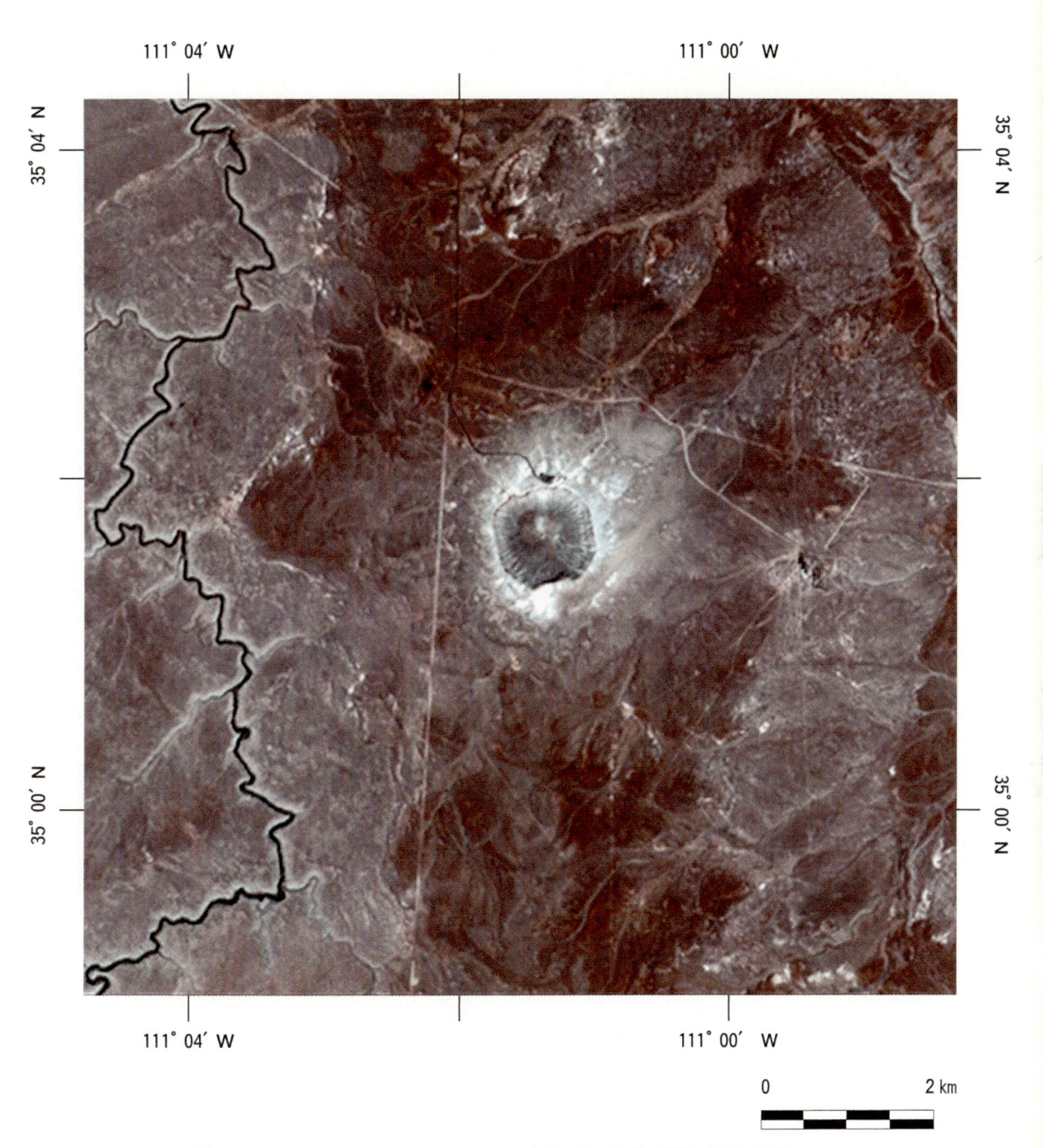

図 22.1 メテオール・クレータの ASTER ナチュラルカラー画像（2001.5.17）
画像が赤っぽいのは，周辺の岩石や土壌が，風化による酸化で赤茶けているためである．

オクタヘドライト（octahedrite）：代表的な隕鉄で，主に鉄とニッケルからなり，特有の構造（ウィドマンシュテッテン構造）を呈する．

Re-Os法：年代測定法の1つで，^{187}Re（レニウム）が423億年の半減期でβ崩壊して^{187}Os（オスミウム）になることを利用．

■ 文　献

Barriger, D.M.（1905）：Coon Mountain and its crater, *Proceedings Academy of Natural Sciences of Philadelphia*, 57：861-886.
Grady, M. M.（2000）：*Catalogue of Meteorites*（5th ed.）, Univ. Arizona Press, 460 p.
Graham，L.A., Bevan, A.W.R. and Hutchison, R.（1985）：*Catalogue of Meteorites*（4th ed.）, Univ. Arizona Press, 460 p.
Roddy, D.（2004）：*What is the Barringer Meteorite crater?*（http://www.barringercrater.com/science/）

図 22.2　キャニオン・ディアブロ隕石
クレータをつくった鉄隕石である．

図 22.5　クレータの崖にみられる地層と飛び散った巨礫

図 22.4　メテオール・クレータの縁からの全景（3枚の写真を合成したもの）
縁の崖には地層面がよく見える．またクレータの底にはバリンジャーが採掘した残骸が今も残る．

図 22.3 メテオール・クレーターの鳥瞰図 (2001.5.17)
ASTER の DEM データとナチュラルカラー画像を合成してメテオール・クレーターを高度 1,000 m から見下ろした鳥瞰図として作成したもの．高さ方向に 1.5 倍に強調しているので，クレータ感が強調されて，クレータの地形がよくわかる．

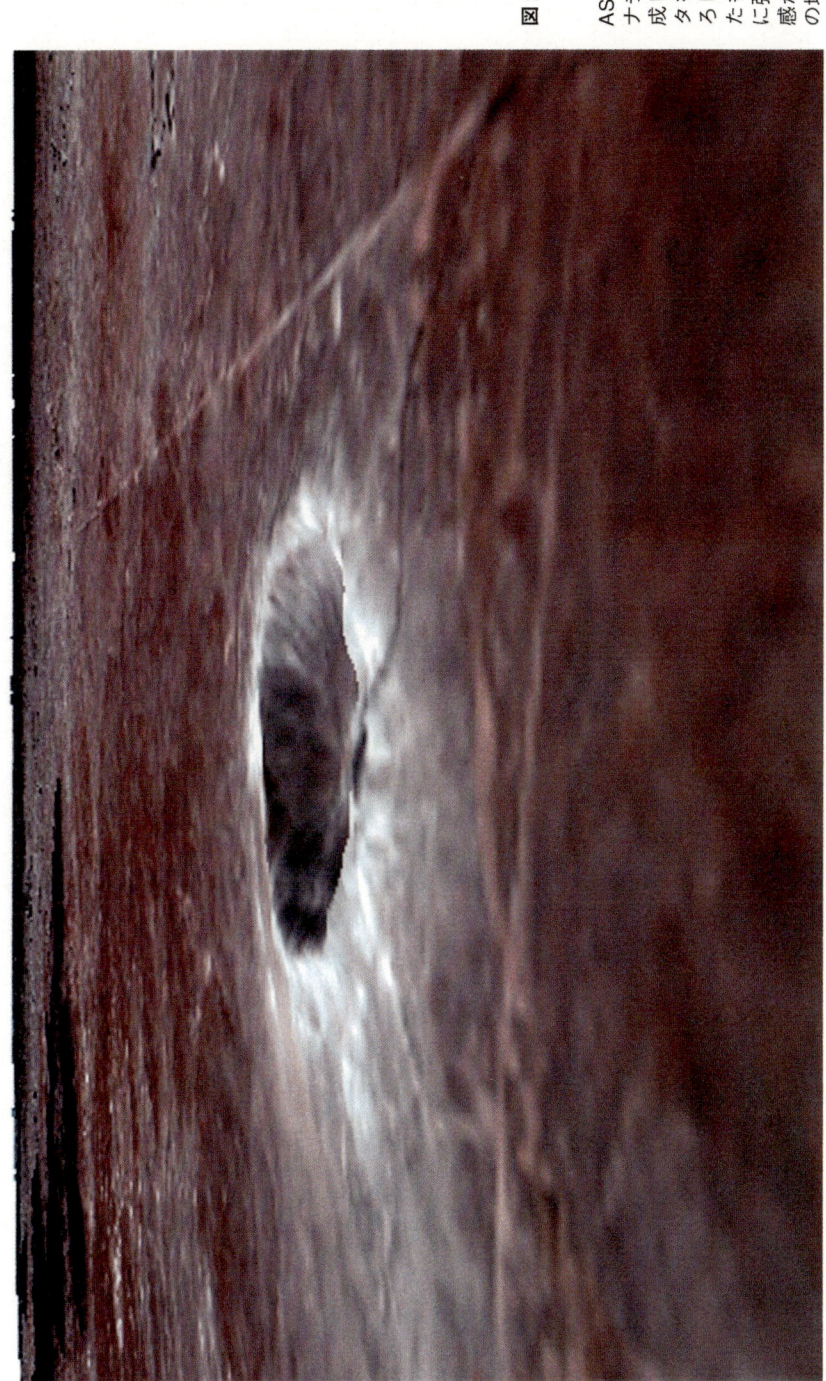

23 ケシム島
——成長する岩塩ドーム

　ケシム島（Qeshm Island）は，イラン南部のホルムズ海峡北側に位置し，面積約 1,400 km² を有するイラン最大の島である．

　ケシム島南西部を拡大した画像を図 23.1 に，これを鳥瞰図として表した画像を図 23.2 にそれぞれ示す．南西部の岩塩ドームは直径約 6.5 km でほぼ円形の地形を呈し，ドームの表層はその周囲に比べて表面がやや暗茶色であることから，岩塩自体は露出しておらず，その上位の泥岩等の堆積岩に覆われていると考えられる．

　岩塩ドームは，地下深部の厚い岩塩層からその一部が**ダイアピル**となって上昇した結果できるドーム状構造である．岩塩が上位の地層との比重差により可塑的な振る舞いをして，きのこ状または円柱状に上昇して形成される（図 23.3, 図 23.4）．上位の堆積層を変形させたり，それを突き破ってさらに上位の地層を押し上げたものもある．このような岩塩の移動に伴って形成される構造は，石油・天然ガスの良好な貯留構造を提供するため，地下資源探査において重要なターゲットとなる．

　図 23.5 はケシム島全体と対岸のイラン本土ホルムザガン南部を撮影した ASTER 可視近赤外画像である（6 シーンを合成）．島は北東〜南西に細長く延び，ほぼ中央部からは本土へ向かって半島が延びている．この半島の西側のラグーンを縁取る赤い部分はマングローブの繁茂域で，ペルシャ湾最大の貴重なマングローブ林である．その他は全体に植生は乏しく，地表面のほとんどに岩石が露出している．島最大の町は東端に位置するケシムで，石油精製施設等が立ち並ぶ．

　この地域はイラン南部，ペルシャ湾に沿って延長するザグロス山脈を構成するザグロス褶曲帯（20 章「ザグロスの褶曲」参照）の南側延長にあたり，アラビア台地に堆積した最上部先カンブリア界以降の堆積岩からなる褶曲構造と，岩塩ダイアピル構造（岩塩ドーム）が特徴的である．ASTER 画像中で岩塩ドームの多くは茶褐色を，一部は頂部が侵食されて灰白色を呈す円形構造として明瞭に認められる．岩塩ドームはケシム島では中央やや北東部と南西部に認められ，ケシム島周囲では，北西部に位置する 2 つの小島全体が岩塩ドームからなり，さらにイラン本土では褶曲山脈の谷部に点在する．そのうちやや規模の大きいものが石油積出港として有名なバンダレアッバースの南西の海岸部に認められる．これらの岩塩ドームは，最上部先カンブリア界の Hormuz Salt 層から由来し，白亜紀が主要な形成時期とされている．

　ダイアピル（diaper）：地下からの流動物質（岩塩や泥など）の注入によって生じた構造．

■ 文　献

Halbouty, M. T. (1979)：*Salt Domes ？ Gulf Region, United States and Mexico*（2nd ed.), Gulf Publishing Company, U.S.A., 561 p.

McGeary, D. and Plummer, C. C. (1992)：*Physical Geology*, Wm. C. Brown Publishers, U.S.A., 550 p.

図 23.1 ケシム島西側を拡大した ASTER フォールスカラー画像（2003.9.17）

図 23.2 ケシム島の鳥瞰図（2003.9.17）
ASTER オルソデータより作成（南西から南東を望む．高さを2倍に誇張している）．

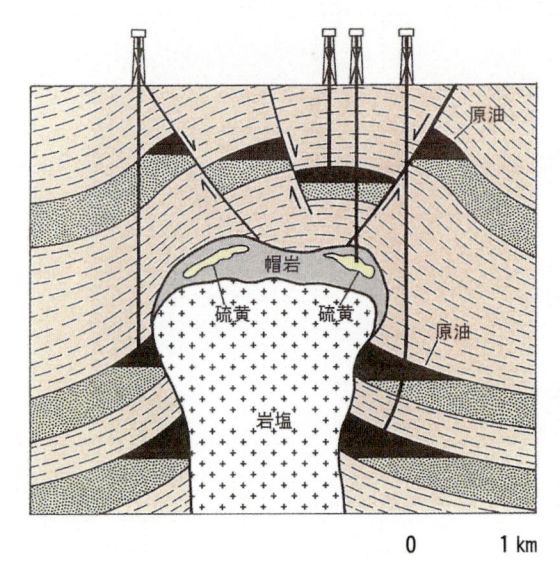

図 23.3 岩塩ドームの模式図（石油資源との関係を考慮）
（McGeary et al., 1992）

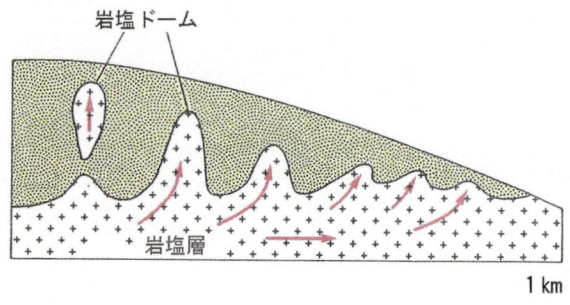

図 23.4 岩塩ドーム生成の模式図（McGeary et al., 1992）

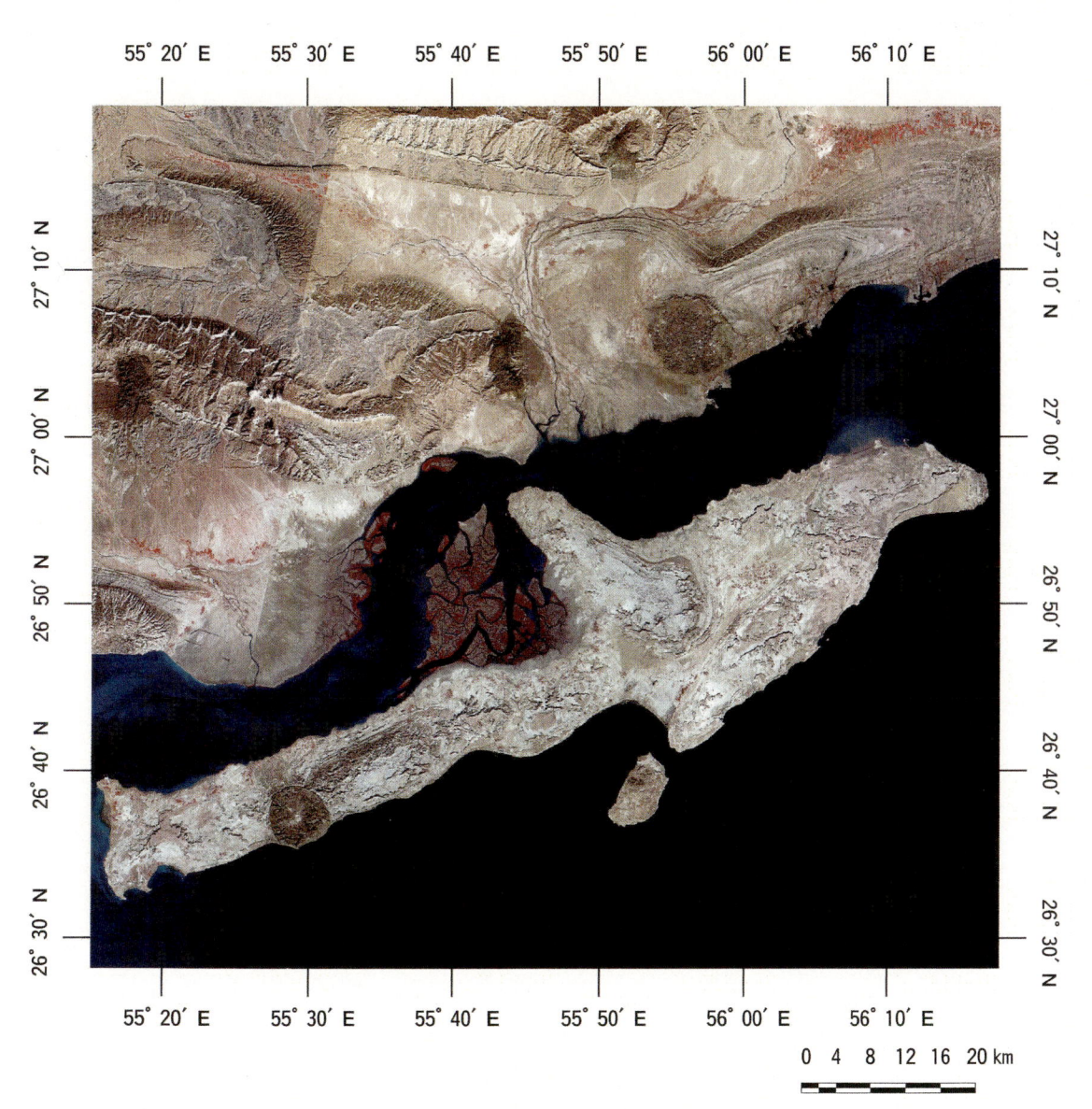

ケシム島──成長する岩塩ドーム　117

図 23.5　ケシム島の ASTER フォールスカラー画像（2004.2.8 / 2004.11.6 / 2004.1.30 / 2003.11.20）

地質リモートセンシングのより一層の理解のために

　本書で紹介するASTERによる画像は，地球の地質事象や地質構造を主な対象としています．そうした地質リモートセンシングをより良くご理解いただくために各章に共通する地質学のイロハをご紹介しようというのが主旨です．必要に応じてお読み返しください．

◀ 1. 地質学とは？ ▶

　地質学を知らなくても，宮沢賢治と彼の文学作品の一端を知らない人は物心ついた日本人にはほとんどいないでしょう．さらに彼が，幼い頃から『石っこ賢さん』とあだ名されるほど岩石・鉱物・化石に関心を持ち，後に盛岡高等農林学校（現岩手大学農学部）地質及び土壌教室に在籍して地質学の勉強にいそしんだことをご存じの方もいるでしょう．彼の文学作品にも地質学的知見が数多く取り入れられていることも知られています．2年生時の夏期実習（大正5年，1916年）で級友らと盛岡付近の地質調査を行い，その結果を翌年校内会報に掲載したものが「盛岡附近地質調査報文（共同執筆）付盛岡附近地質図（1/50,000）」です．この「終結」冒頭に「地質学とは何か？」について説明した次のような一文があります．すなわち，『地質学は吾人の棲息する地球の沿革を追求し，現今に於ける地殻の構造を解説し，又地殻に起る諸般の変動に就き其原因結果を闡明にす，即我家の歴史を教へ其成立及進化を知らしむものなるを以て，苟も智能を具へたるものに興味を与ふること多大なるは辯を俟たずして明なりとす』というもので，地質学について簡潔かつ余すところなく述べています．

　さて，そうはいっても地質学は当時よりそれなりに進展し，リモートセンシングをはじめ観測・計測等における技術的手段も進歩し私たちの持つ地質学的知見も飛躍的に増加しています．一方リモートセンシングは文字どおり遠隔探査であり，これによって得られた画像を解析・解釈するにあたって，現地調査とその背景をなす地質学的知見は不可欠です．基本的事項とともに最新の情報をいくつかご紹介しましょう（なお，記述の一部は朝倉書店の許可を得た上で同社刊の加藤碵一・脇田浩二総編集（2001）『地質学ハンドブック』に準拠することをお断りしておきます）．

◀ 2. 地質学と調査・研究手法 ▶

　地質学の進展に貢献する地質調査の目的は多様であり，それに応じて調査手法もさまざまですが，ここでは，「対象とする地域の地質と構造を把握し，地史（地域の地質学的な変遷の過程）を明らかにすること」を目的とする場合をとりあげます．リモートセンシングによって得られた対象地域の画像との比較対照に不可欠な地質図幅を作成するための地質調査は，その代表的なものの1つです．実際には，対象とする画像地域の岩石や地質体の種類や特性によっても，研究手法は個々に異なっています．例えば堆積岩地域と，深成岩地域，火山岩地域とでは野外における地質調査法・着眼点からして異なってお

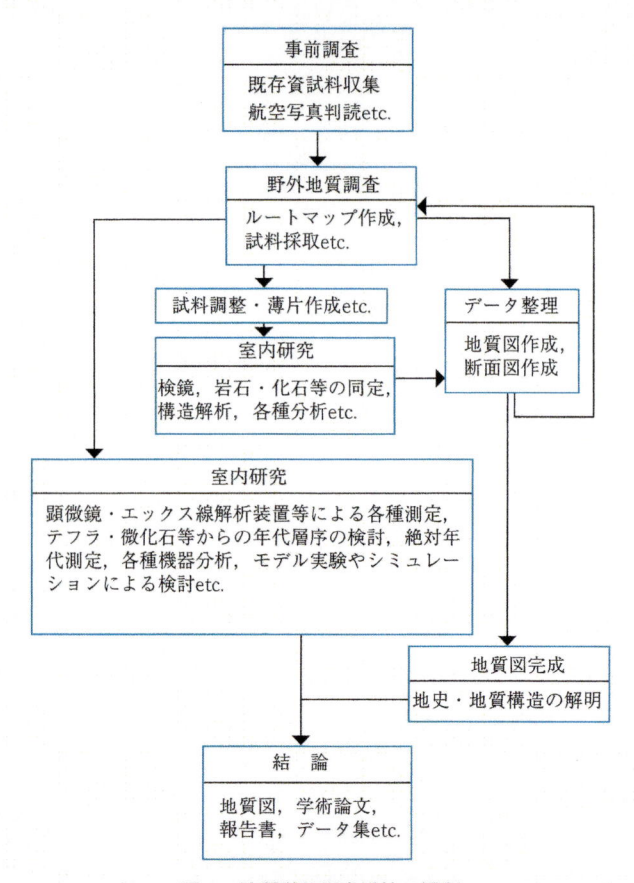

```
           ┌─────────────────┐
           │    事前調査      │
           │  既存資試料収集   │
           │  航空写真判読etc. │
           └────────┬────────┘
                    ↓
           ┌─────────────────┐
           │   野外地質調査   │←─────┐
           │  ルートマップ作成,│      │
           │  試料採取etc.    │      │
           └────────┬────────┘      │
        ┌──────────┼──────────┐    │
        ↓          ↓          ↓    │
  ┌──────────┐ ┌─────────┐ ┌─────────┐
  │試料調整・ │ │         │ │データ整理│
  │薄片作成etc│ │         │ │地質図作成│
  ├──────────┤ │         │ │断面図作成│
  │  室内研究 │→│         │ └─────────┘
  │検鏡,岩石・│ │         │
  │化石等の同 │ │         │
  │定,構造解析│ │         │
  │各種分析etc│ │         │
  └────┬─────┘ │         │
       ↓        │         │
  ┌─────────────────────────┐
  │        室内研究          │
  │顕微鏡・エックス線解析装置 │
  │等による各種測定,テフラ・  │
  │微化石等からの年代層序の検 │
  │討,絶対年代測定,各種機器分│
  │析,モデル実験やシミュレー  │
  │ションによる検討etc.      │
  └────────┬────────────────┘
           ↓            ┌─────────────┐
           └───────────→│  地質図完成  │
                        │地史・地質構造 │
                        │ の解明       │
                        └──────┬──────┘
                               ↓
                        ┌─────────────┐
                        │   結  論    │
                        │地質図,学術論文│
                        │報告書,データ集│
                        │etc.         │
                        └─────────────┘
```

図1 地質学的研究手法の過程

り，室内研究の内容も大幅に異なっており，当然画像データ処理にも差違がありますが，ここでは共通項的な基本について述べます（図1）．

2.1 地 質 調 査

地質調査の基本は，露頭を探しそこで岩石・鉱物の種類を判別し（肉眼鑑定：2.3.1項および2.4.1項参照），それぞれの岩石の分布と相互の関係を調べ上げることにあります．岩石砂漠のようにそこにある岩石がすべて地表に現れている場合には，リモートセンシング画像によって広域にわたってかなりの推定ができますが，それでも，実際に岩石に接して肉眼で観察し，それを採取して必要とする分析を行わなければ，その種類も，時代も，相互の関係もわからないことが多く，両者は相補的な関係にあります．

まず，対象地域の既存地質情報や調査目的，必要な精度や投入可能な時間・費用等を念頭に入れて，調査ルートを設定することが必要です．もちろんこれは野外調査が進むにつれて適宜変更されます．一般に日本のように植生の濃い環境では，露頭条件や効率の点から沢沿いや尾根沿いにルート設定されます．踏査して得られる地質情報は点もしくは線沿いのデータなので，それらから不足の情報を補完し3次元的な，あるいは時間軸も含めれば4次元に及ぶ地質の分布と構造やその変遷を再構築するためにどの程度の調査密度が必要かということは，地域ごとに条件が異なります．参考のために地質調査所（現（独）産業技術総合研究所地質調査総合センター等．以下同様に旧称を用います）が5万分の1地質図幅を作成する際に設定している平均的な調査密度を紹介すると，「1km間隔の線状の調査ルートで全域

を網羅し，5千分の1縮尺のルートマップを作成する」というもので，通常の衛星画像データより調査精度は著しく高いものです．

露頭で最初になすべきことは位置の確認で，地形図・航空写真や大縮尺のリモートセンシング画像がある場合には，周辺の地形を読みながら常に位置を確認することによって到達点がわかります．小縮尺の地形図やリモートセンシング画像では微地形が読めませんが，最近ではGPS（地球測位システム）を利用して数十m程度の誤差で位置確認することも可能となっています．

露頭では，堆積物の級化構造や削剥構造などの観察による累重する堆積物の上下関係判別，急冷構造や熱変成，または熱水変質の有無による火成岩の貫入関係の判別や，接触面における破砕変形構造の観察など，地層や岩石の相互関係を判断します．

また，岩石の分布状況を露頭のスケッチや写真撮影で記録するとともに，面構造（層理面，葉理面，片理面，流理面など）については走向と傾斜，線構造（固体粒子の線状配列，流痕など）についてはその走向（線構造に平行な鉛直面の方向）とプランジ（水平面と線構造とがなす角度，伏角ともいう）をクリノメータ（またはクリノコンパス）を用いて測定し記録します（図2）．

岩石の分布を最小の労力で把握するには，その分布を境界面の走向傾斜と岩石の成因から予測される一般的な形態（堆積岩であれば，近傍では平板状と予測される），層序などから推定し露頭で確認します．このとき，地質図の書き方と読み方の理解および大縮尺のリモートセンシング画像が役立ちます．

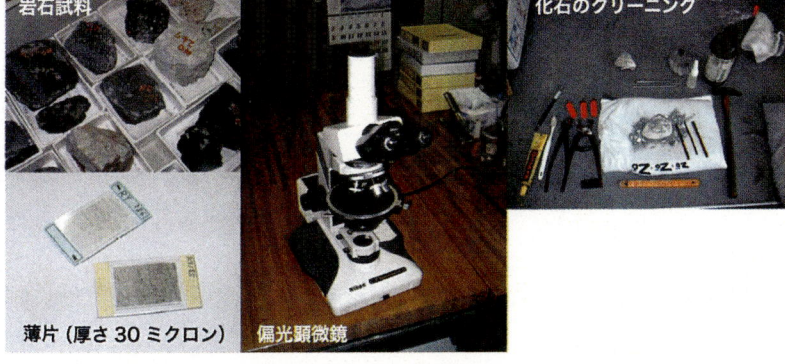

図2 地質調査・研究（地質標本館パンフレット「地質図の世界」より）

例えばある間隔でほぼ同じ方向に調査ルートの候補がある場合，できるだけ長くかつ露出のよいルートを選んで調査し，そこに露出する地層を岩相の違いによって適宜区分してそれらの境界を作図によって延長し，隣接するルートのどこに現れるかを予測します．予測どおりのところに現れている場合は，次のルートでこれを確認します．次々とルートを変えても予想どおりなら，間をとばすことによって調査にかける時間を減らすことができます．予想と異なる場合には，もともと平板では近似できない形態をとっているか，断層や褶曲で位置がずれている可能性が考えられるので，ルートの間隔を密にして詳しく調査する必要があります．

構成物や内部構造，色などがほかとは際立っている岩石が層をなしているいわゆる「鍵層（かぎそう）」を追跡するのは効率的です．同じような岩石が繰り返し現れる場合や，岩石が側方でほかの岩石に変わる場合，あるいは，露頭が少なくて隣り合うルートで岩石の境界が追跡できない場合でも，鍵層の存在によって層準の確認ができるからです．もし，鍵層が降下火砕堆積物や火砕流堆積物，あるいはタービダイト（混濁流によって深海に運ばれ堆積した陸源堆積物）のように一瞬に堆積したものであれば，その鍵層が占める空間的位置は同じ時間を示す基準面として使うことができます．また，未踏査地域の岩石分布や地質構造を，航空写真などのリモートセンシング画像の判読によって推測することも可能な場合があります．

また，野外調査によって得られるデータの解析精度向上や試料分析のためには，それと並行して行われる室内研究が不可欠です．研究目的に応じて偏光顕微鏡・電子顕微鏡・X線解析装置等，各種の機器を用いて各種の分析や鏡下での観察・測定・解析等を行います．また，関連する地球物理・地球化学データも適宜活用します．

2.2 層序学的研究手法

層序学は，地質調査に不可欠な学問分野で，地層の分布や産状，岩質，化石や堆積構造，地質構造などを総合的に研究して，それぞれの地層の生成年代に基づいて地層の区分や対比（国際標準との対比も含む）を行うものです．

2.2.1 岩相層序

岩質の特徴に基づいて識別する単元は岩相層序単元と呼ばれ，一番明瞭な単元は単層（bed）ですが，層序を確立するために重要なのは単層の集まりである累層（formation）を識別することです．関連したいくつかの累層は，さらに層群（group）や累層群（supergroup）にまとめます．逆に累層をさらに細分できる場合には，部層（member）として区別します．

地層では，粒度の違いや構成物質の違いからはっきり識別できる面が認められ，これを層理面と呼びます．隣接した2つの層理面に挟まれた部分が単層です．単層は，側方へ厚さが変化しますし，ある限定された広がりを有しています．単層は一般に数m以下の厚さのものに用いられます．累層は，①岩相や堆積相が共通する単層群，②含有する化石相が共通する単層群，③変形，変成の程度が共通する単層群として識別され，岩相において上下の累層と明瞭に区別されなくてはなりません．厚さに基準はありませんが，一般に数m～数千m程度です．累層は，必ずしも堆積岩のみで構成される必要はなく，火成岩や変成岩であっても構いません．

地層累重の法則は，岩相層序の確立において重要な概念で，「ある特定の岩相のまとまりの上に重なる地層は下位の地層より若い」というものです．この法則は断層などで切られていない連続した地層において成り立つので，日本のように構造的に変形した地層が分布する変動帯では気をつけて運用しなく

てはなりません．火成岩を伴う地域では，しばしば深成岩や半深成岩が他の地層や岩石に貫入する場合があり，一般に貫入した岩石は貫入された岩石より新しいものです．ただし，砂岩岩脈や泥ダイアピルなどでは，貫入した物質の起源が貫入された岩石より古い場合がありえます．

　変形した地層の累重関係を明らかにするために，地層の上下判定が不可欠です．水平に堆積した地層では，地層累重の法則により上方に重なる地層が下方の地層より若いのですが，褶曲や断層により変形し，傾斜した地層ではそうとも限らないからです．地層の上下の判別は，堆積構造その他，生痕化石などの化石の産状や枕状溶岩の構造などを用います．褶曲した地層を不整合に覆う場合などには，地質構造も地層の上下判定に用いることができます．地層が逆転していない場合には，露頭で観察される褶曲構造から向斜軸の位置を決定し，地層の上下を判断することもあります．

　地層は堆積した後，ある時間間隙の後に次の地層が堆積します．この時間間隙が十分短く，その間に構造運動が起こらず地層が変形しなかった場合，地層は以前の地層に対して，整合に堆積するといいます．しかし，上下の地層間に大きな時間間隙があったり，その時間間隙の間に地層が変形した場合は，新しい地層は古い地層に対して不整合に重なるといいます．不整合には，傾斜不整合，非整合（ないし平行不整合），準整合，無整合などがあります（図3）．傾斜不整合では，古い地層は次の地層が堆積するまでの間に，構造運動により褶曲などの変形を被り，新しい地層は傾斜した古い地層の上に堆積します．非整合では，地層は傾斜しませんが，古い地層の上に浸食した痕が観察されます．準整合では，浸食面は確認できませんが，上下の地層に著しい時代ギャップが存在した場合に用いられます．無整合は，堆積岩が非堆積岩の上に堆積した場合に用いられる用語です．不整合において失われた時間の量はハイエタス（hiatus）と呼ばれ，平行不整合で時間間隙が短くときに部分的な堆積休止はダイアステム（diastem）と呼ばれます．

　地層は，その地層が発達している地域の名称やその地域にかつて住んでいた民族名などをつけて命名することが一般的です．四万十層群が前者の例で，蝦夷層群が後者の例です．部層では，青木砂岩泥岩部層のように地名とともに岩相も表します．

　地層の対比とは，地質年代が同じ地層の対比であって，岩相が同じ地層の対比ではありません．地質年代が異なっても類似する岩相が存在しうるので，岩相のみによる対比というのは誤った対比を導く可能性があり，地質年代やテフラ（2.2.4 項参照）によって岩相対比の是非を検討する必要があります．地層の対比にとって，鍵層の追跡は重要な手段で，凝灰岩層のように特徴的で広域な広がりを持つ単層や単層の集まりは，鍵層として有効です．また，地理的に離れた地域どうしでの地層の対比を行う場合には，化石や古地磁気による年代対比も有効です．同じ年代の地層を対比することで，古地理の復元をす

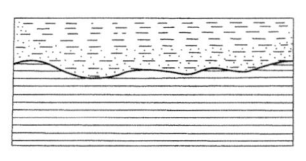

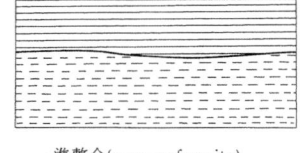

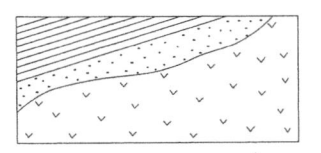

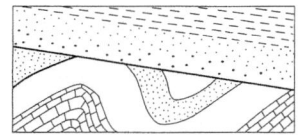

図3　いろいろな不整合

ることができます．

2.2.2　層序区分と年代区分

地層において，岩相の境界面と時間面は斜交しているのが一般的です．特に，陸成層や浅海成層では，同時にさまざまな堆積相の地層が同一平面に形成され，しばしば指交関係にあります．また，供給源に近い地域では礫岩が形成され，堆積盆が時間とともに移動すると礫岩層は堆積盆の縁辺に連続して形成され，地質年代を超えて1つの礫岩層という岩相単位として認識されます．

岩相層序を確立したあと，化石や放射性年代を用いて，地層の年代を決定します．化石による地層年代決定には，示準化石を用います．欧米の基準となる地層の単位と同一の化石（示準化石）を含む場合，地質時代を決定することができますが，すべての地層に示準化石が含まれるわけではなく，放射性年代を決定できるわけでもありませんので地層どうしの関係と岩相層序を把握しておくことが重要となります．

欧米の基準と対比して決定される地質学的な年代区分には，代，紀，世，期などがあります．一方，ある年代区分の期間に形成された岩石・地層は，界，系，統，階のような年代層序区分で記述されます．例えば，示準化石である紡錘虫化石を含む地層は，古生代に形成された地層であり，古生代に形成されたこの地層を古生界と呼ぶのです（図4）．

2.2.3　化石による年代層序

非可逆的な生物進化過程に着目して，地層中に含まれる過去の生物（古生物）の遺骸である化石の種の出現や消滅などをものさしとして地層を区分し，これを離れた地域間で対比することにより相対的な地層の新旧を知り，さらに欧米の標準層序との対比により地層の地質時代を決定することができます．

a．大型化石による年代層序

一般に，肉眼で識別・同定できる大きさの大型化石による年代層序学的手法を用いる場合，野外で踏査しながら種の同定を行い，並行して年代層序区分の大枠を組み立てていくことが可能なこともあります．大型化石はこのような簡便さを持ち合わせている反面，その産出はある特定の堆積相に限られることが多いので，まったく産出しない地層群ではその地質年代を特定できません．

大型化石の中でも年代層序学的に最も有効なものは，例えば古生代前期ではおもに三葉虫類や筆石類，古生代後期から中生代にかけてはアンモナイト類（広義）があります．これらは国際的な指標である示準化石として生層序帯が組み立てられています．また，国際的な示準化石でなくとも，その古生物地理区あるいは堆積盆内において対比に有効な指標として用いられるものも少なくありません．大型化石の中でも生存期間（層序学的分布）が明確にされているものは，系や統レベル，あるいは階レベルでの対比が可能なものもあり，仮に微化石年代層序など他の手法が適用できない場合（粗粒堆積相など）には有効な地質時代指示者として利用されます．

なお，年代層序区分の国際的な標準となっているのはおもに海成層であり，大型化石の中で示準化石として用いられているのは海棲古生物です．したがって，非海成層の年代層序区分を正確に行うためには海成層との対比を行い，含有する非海棲古生物の生存期間を明らかにしていく必要があります．

b．微化石による年代層序

顕微鏡を使わないと観察できない微細な生物の進化・絶滅などを地層中から見いだすことにより地層を区分するのが微化石層序で，これに基づき地層の年代を決定することができます．特に，広域的に分布する浮遊性微化石が有効で重視されています．年代決定の精度は，20万～数百万年程度の分解能を持ちます．一般に微化石は細粒の堆積物に多く含まれており，したがってシルト質の砂，シルト，粘土，

地球と生物の歴史

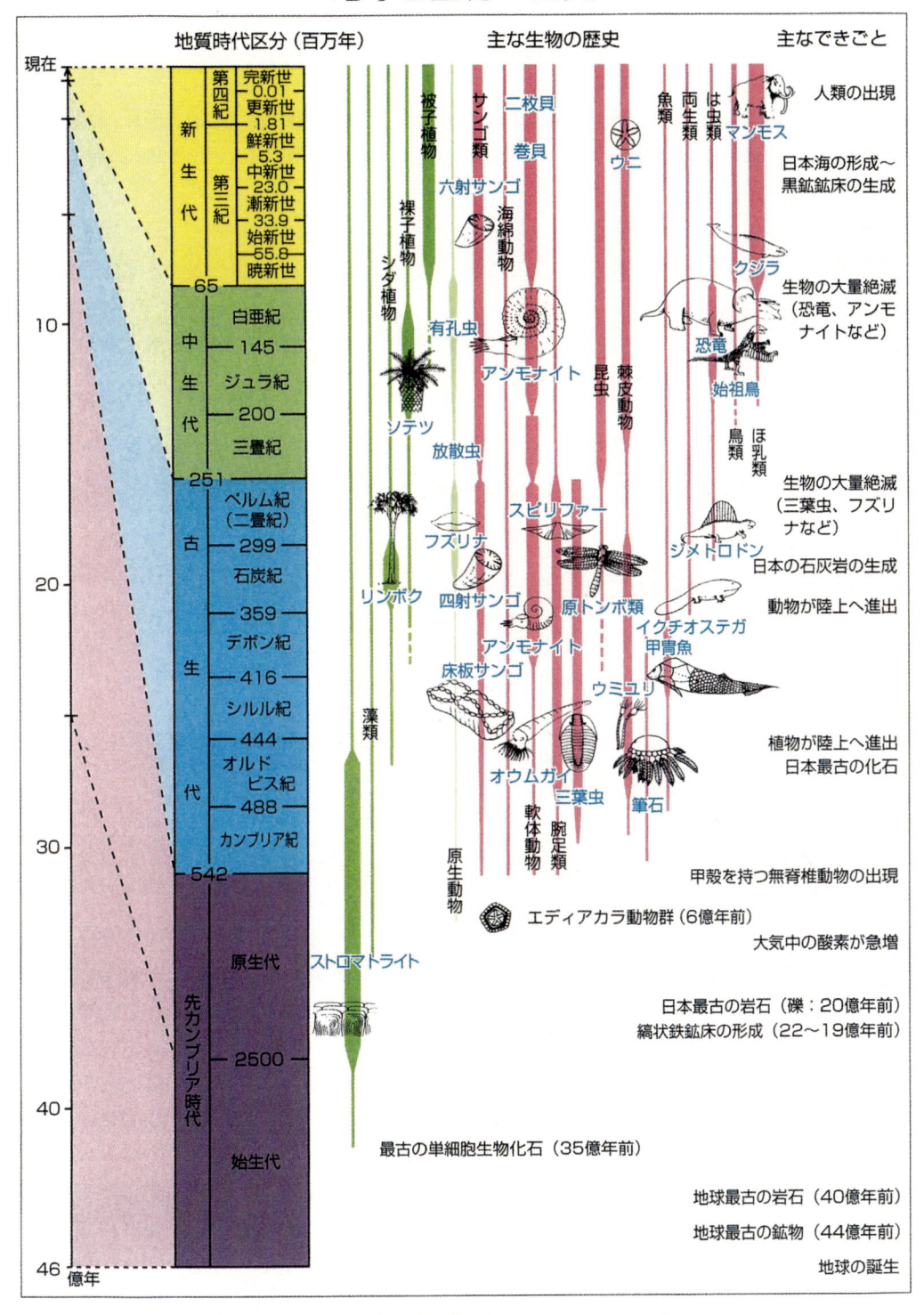

図4 地質年代表（地質標本館パンフレットより）

石灰岩およびチャートなどが採取の対象になります．有機質の微化石は泥炭，炭質泥岩などに多量に含まれますので，比較的少量の試料で地層の年代を決定することが可能です．

　化石生物種の絶滅，進化あるいは化石群集組成の変化などの生物事件の順序・同時性を地球上の各地で検討し，広域対比の基準となる生物事件を選び出し，これらを生層準（biohorizon）と呼びます．化石帯や生層準の年代を何らかの方法で決定してやれば，年代が未知の地層中でもそれらの化石を見つけることによって年代決定が可能となるわけです．新生代（と白亜紀の一部）では，化石帯や基準面を古地磁気層序や放射年代に対応づけることにより，中生代以前では標準地質年代尺度や放射年代に対応づけることにより，化石帯や基準面の地質時代や数値年代を求めています．このようにして微化石帯や基準面を年代軸に沿って並べたのが微化石年代尺度で，微化石層序に基づき年代を決定する際のものさしにあたります．

　年代決定に用いられる代表的な微化石としては以下のようなものがあり，以下に示すような時代・堆積環境の地層に対して年代決定に使われます．

　　〇 石灰質微化石
　　　　有孔虫（カンブリア紀〜現在：海成層）
　　　　石灰質ナンノプランクトン（三畳紀〜現在：海成層）
　　　　貝形虫（カンブリア紀〜現在：海成層，特に浅海成層）
　　〇 珪質微化石
　　　　放散虫（カンブリア紀〜現在：海成層）
　　　　珪藻（白亜紀〜現在：海成層）
　　〇 珪質鞭毛藻（白亜紀〜現在：海成層）
　　〇 有機質微化石
　　　　渦鞭毛藻（シルル紀〜現在：海成層）
　　　　花粉・胞子（オルドビス紀〜現在：陸成層および海成層）
　　〇 リン酸カルシウムからなる微化石
　　　　コノドント（カンブリア紀〜三畳紀：海成層）

2.2.4　テフラによる年代層序

　テフラとは，火山噴火によって放出される砕屑物を意味し，軽石，火山灰，火砕流堆積物などを指します．大規模に噴出したテフラは広い地域に追跡することが可能であり，また噴出の期間も地質学的な時間スケールではきわめて短期間であると考えられることが多いので，同時間面として重要な鍵層になります．個々のテフラは，固有の岩石学的・鉱物学的特徴を持っているので，テフラの特徴の空間的な変化を考慮に入れて同じテフラであるかどうかを識別することが可能です．例えば構成粒子（岩片，火山ガラス片，鉱物粒子等）の量比，火山ガラスの形状や発泡の程度，軽鉱物や重鉱物の組成と量比，各鉱物の晶癖，火山ガラスや鉱物（長石，角閃石，斜方輝石など）の屈折率や化学組成，テフラの古地磁気方位や磁性鉱物の熱磁気的性質も特徴になる場合があります．鮮新世以降の広域に分布するテフラのカタログ化がかなり進んできており，テフラの同定が容易になってきています．これによってテフラを介在する地層の年代を明らかにすることができ，また離れた地域間で同一テフラの降下前後の環境の違いなどを比較することができます．また，現在の火山活動に伴うテフラは，衛星リモートセンシングによって経時的にその分布や熱的状態等を把握することができます．

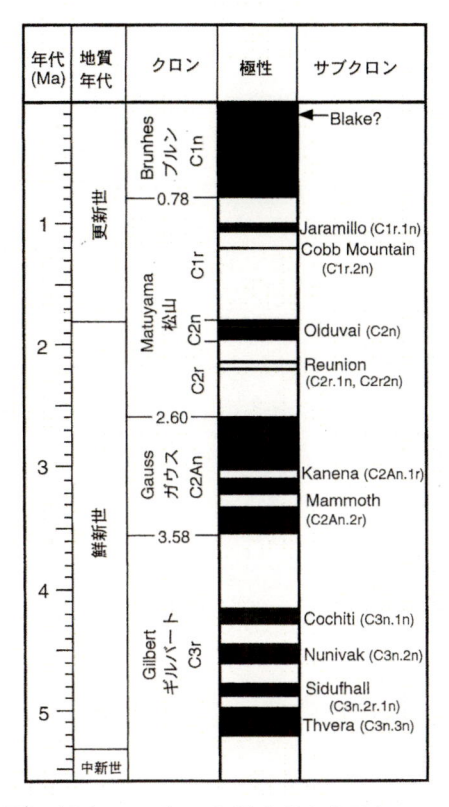

図5 過去500万年の地磁気極性年代尺度

2.2.5 古地磁気による年代層序

　地球の持つ磁場の諸性質やその原因を地磁気といい，特に帯磁の方向が逆転する事件を利用して地層を磁気的性質に基づいて分帯し対比や編年を行うことを，一般に磁気層序といいます．過去約500万年間の地磁気極性年代尺度を図5に示します．1つの極性の占める期間をクロン（Chron）と呼び，略号Cに磁気異常番号と極性記号（nまたはr）をつけて表現します．短期間のクロンをサブクロンと呼び，それの属するクロンの番号のあとにピリオドを挟んでさらに番号と極性記号をつけ加えます．ブルン（C1n），松山（C1r～C2r），ガウス（C2An）などのクロンの名称，ハラミヨ（C1r. 1n），オルドバイ（C2n）などのサブクロンの名称も慣用的に使われます．

　古地磁気極性（正帯磁，逆帯磁）を用いた地層の対比や編年は，地磁気極性年代尺度が存在するジュラ紀後期，約160 Ma以降の地層に対してよく用いられ，特に鮮新・更新統の編年のためには欠かせない手法となっています．地磁気は逆転以外にもさまざまな時間スケールの変動をしていて，地磁気永年変化と総称されます．なかでも，数百年～数千年スケールの方位変化については，世界各地で過去1万年間程度の変化曲線が得られているため，これに対比することにより限定的ですが年代推定が可能です．完新世堆積物，特に連続的に試料採取・測定が可能な湖底堆積物コアでよく用いられているほか，古地震による液状化堆積物や断層粘土の磁化方位に適用して，地震の年代を求める試みがあり，また，遺跡の炉跡など考古学にも応用されるようになりました．最近，海底堆積物コアから古地磁気強度を求める研究が進展し，過去約80万年間の変化曲線が確立したため，海底堆積物コアの数万年オーダーの年代決定に古地磁気強度を用いることが可能になりました．

2.2.6 天文年代層序

気象学者ミランコビッチ（Milankovitch）が提唱した，ミランコビッチサイクルと呼ばれる地球の軌道要素（離芯率・地軸傾斜角・歳差運動）の周期的変動を地層中から読み取ることにより地層の年代を決定する方法を，天文年代層序といいます．新第三紀の後半以降，特に第四紀における詳細な年代層序の確立には欠かせない手法です．

これらの軌道要素の変動により地球の受け取る太陽放射量が変動し，この影響を受けて海水や大気の温度，循環様式と循環の強さなどが変動します．これらの変動は地層中にさまざまなかたちで記録されます．例えば，海水温や海洋循環の変動は有孔虫の殻の酸素同位体比や，化石群集などの変動をもたらし，大気の循環の変動とそれによる降水量の変動は，風成粒子の含有量，堆積物の粒度あるいは花粉化石群集などの変動として記録されます．軌道要素の変動と太陽放射量の変動は，現在から中新世中頃までさかのぼって計算されているので，それらの時代の地層中のさまざまな記録を時系列で解析し，その周期的な変動をミランコビッチサイクルと対比できれば，地層の年代を詳細に（数千年から数万年の精度で）決定できます．しかし，天文年代層序には以下のような問題点がまだ残されています．軌道要素の変動や太陽放射量の変動と地層中で観測できるある変動とを対比する際には，前者が後者をもたらすメカニズムが線形近似できることを前提としていますが，実際には自然界の現象の多くは非線形であると考えられ，軌道要素の変動とそれに対比されている観測データの周期が同期するという物理学的な保証はありませんし，両者間の位相のずれに関しても明らかにはなっていないからです．

2.2.7 シーケンス層序学

シーケンス層序学（sequence stratigraphy）は，音響層序（震探層序；seismic stratigraphy）に，地層の年代，層相，堆積環境などの情報を加味して，海水準の変動を軸に地層や浸食面の形成を解釈した統一理論です．従来の層序学と比べていくつかの特徴的な考え方が盛り込まれています．まず第一は，地層の構成単位を海退から海進，引き続く海退の1回の海水準変動で形成される地層としたことです（図6）．これは，堆積シーケンスと呼ばれ，海水準の低下によって形成された不整合とそれに連続する整合によって境される地層です．第二は，陸域から浅海域，さらに深海域まで，同時期に形成される地

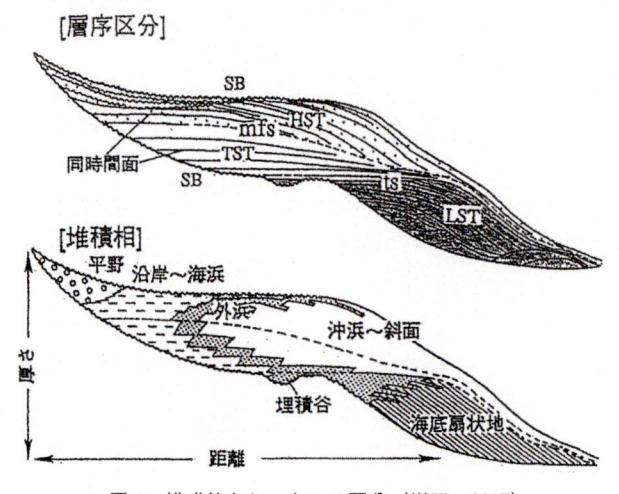

図6 模式的なシーケンス区分（増田，1997）
SB：シーケンス境界，ts：海進面，mfs：最大海氾濫面，
LST：低海面期堆積体，TST：海進期堆積体，
HST：高海面期堆積体．

層を統一的に海水準変動の枠組みで解析している点です．陸起源物質やサンゴ礁などの炭酸塩など構成物質の差を問わないことです．これらの広域にわたり分布するさまざまな地層（各種堆積システム）を，低海水準期，海進期，高海水準期の3つの時期の堆積物（低海水準期堆積体，海進期堆積体，高海水準期堆積体）に分けます．この他に陸棚縁辺部を中心として低海水準期に形成される堆積体を陸棚縁辺堆積体と呼んでいます．例えば，同時期に陸域から深海まで堆積層が形成されている場合は，各堆積体とも，河川，浅海，深海の各堆積システムから構成されることになります．堆積体間の境界面には特別な名称が与えられており，低海水準期（陸棚外縁）堆積体と海進期堆積体間の境界面が海進面，海進期堆積体と高海水準期堆積体間の境界面が，最大海氾濫面と呼ばれます．これらの境界は堆積システムの移動方向の転換点でもあり，すなわち低海水準期（陸棚外縁）堆積体では，海水準の低下に伴って海岸線が海側へ移動（海退）していたのに対し，海進面を境に海岸線は陸側へ移動（海進）します．つまりシーケンス層序学では，陸域から深海域までの全体で地層の累重様式が前進型（海退）か，後退型（海進）かをもとに，地層を区分し解析を行っているのです．

対象とする地層について，シーケンス層序学的な解析を行うために特に重要なのは，不整合面の識別と海進海退サイクルの識別であり，これらが求まればシーケンス層序学の枠組みのなかで地層を解釈することが可能となるのです．シーケンス層序学は，地層に同時間線を入れることによって地層の累重様式を明らかにし，新しい解析手法をもたらしました．音響層序では各反射面が同時間線となり，容易に堆積盆オーダーで地層の累重様式が解析できたためにこのような研究が進展したといえます．シーケンス層序学は，地層の累重様式から論理的に地層を解析する手法であり，地層からサイクルを読み取ること，累重様式がわかるように同時間線を多数入れること，陸域から深海域までの堆積相の空間的変化を明らかにすること，などによってよりダイナミックに地層を解析することができるようになりました．

2.3 鉱物学的研究手法

地殻は岩石から構成され，岩石は鉱物の集合体なので，鉱物の産状（産地の地質環境）を理解し，鉱物の肉眼的特徴を把握し，さらに各種機器分析による定量的データを加えて鉱物種を決定することは，今日でも鉱物研究の重要な位置を占めています．リモートセンシング画像から露頭ごとの直接個々の鉱物を同定することは困難ですが，例えば変質鉱物の分布を識別することは鉱床探査に有効なので，鉱物の名前を決定しそれらの知見を得ておくことは基本です．現在までに知られている鉱物はおよそ4,000種類に及びますが，岩石の90%までは40種程度の鉱物から構成されているにすぎません．本節では調査現場ないし実験室で触れ合う頻度の高くそれゆえリモートセンシング画像解析に必要な鉱物の識別法について解説します．

2.3.1 肉眼鑑定

鉱物の肉眼やルーペによる鑑定に習熟しておくことは，野外調査で岩石の種類を判定するための大切な要素です．なお，以下に記す鉱物の特色は岩石中に現れる場合の外観で，単体として観る場合とは若干趣を異にする鉱物もあることに注意してください．例えば，石英が単独で結晶化すると錐面を伴う六角柱状の形態（水晶）を示しますが，岩石中での形は粒状ないし不定形が普通です．また，以下に不透明と記される鉱物もあくまで見かけ上のことで，薄片で観察する際の不透明鉱物とは意味が違うことに注意してほしいものです．

石英：粒状，無色・透明（白濁することあり），ガラス光沢，劈開なし
カリ長石：柱状，黄白〜淡桃色，不透明，劈開明瞭

斜長石：柱状，白色，不透明，劈開顕著
　　白雲母：柱状・板状，無色，透明，虹色光沢，劈開顕著
　　黒雲母：柱状・板状，黒〜黒褐色，不透明，劈開顕著
　　角閃石（かくせんせき）：柱状・断面は菱形，黒色，不透明，劈開明瞭
　　輝石：粒〜短柱状，黒褐色〜暗緑色，半透明，劈開明瞭
　　かんらん石：粒状，緑色，透明，ガラス光沢，劈開不明瞭

以上は火成岩の主要な構成鉱物ですが，石英・斜長石・黒雲母などはその他の岩石にも広く認められます．

　　ざくろ石：粒状，緑・赤・褐・黒色など多彩，半〜不透明，ガラス光沢，劈開なし
　　電気石：柱状，黒色まれに紅・緑色，黒いのは不透明，ガラス光沢，劈開不鮮明
　　褐れん石：柱状・板状，褐〜黒褐色，不透明，破面は樹脂光沢，劈開なし

以上はおもにペグマタイトに産出しますが，ざくろ石は火成岩から変成岩まで広範囲に産出します．

　　菫青石：短柱状・断面は六角（三連双晶），青黒色，不透明，劈開不明瞭
　　紅柱石：柱状・断面は正方形，赤褐色，不透明，表面は変質しやすく，劈開不明瞭
　　珪線石：長柱状・繊維状，白・黄褐色，半透明，ガラス光沢，劈開明瞭
　　藍晶石（らんしょうせき）：長板状，白〜青白色，半〜不透明，ガラス光沢，劈開明瞭
　　緑れん石：柱状，黄緑〜暗緑色，透明〜不透明，ガラス光沢，劈開不明瞭
　　紅れん石：柱状・粒状，赤褐〜赤黒色，半〜不透明，劈開不明瞭で脆い
　　珪灰石（けいかいせき）：繊維状，白〜灰色，不透明，ガラス光沢，劈開不明瞭

以上はおもに変成岩中の再結晶鉱物として産出します．

　　方解石：あらゆる種類の岩石から，金属鉱床の脈石や温泉沈殿物に至るまで，産状は多岐にわたります．結晶の形は変化に富み，多結晶体も塊状・層状・脈状などさまざまに様相を変えます．無色・白色を基本としますが，不純物により色調を変化させます．ガラス光沢で劈開は明瞭です．

表1　おもな金属（不透明）鉱物

鉱物名 （英名）	晶系 組成	色	条痕色	識別上の特色
方鉛鉱 (galena)	等軸 Pb	青黒〜鉛灰色	灰黒色	硬度が低く重い．サイコロ状の劈開が顕著．劈開面は青白色の強い金属光沢を示す．
閃亜鉛鉱 (sphalerite)	等軸 ZnS	炭黒〜黒褐色	褐色	亜金属ないし樹脂状光沢．まれに黄褐色で透明な結晶を産する．
黄銅鉱 (chalcopyrite)	正方 $CuFeS_2$	金黄色	黒緑色	塊状でときに四面体の結晶をなす．表面が錆びやすく青・紫色などに変色．
黄鉄鉱 (pyrite)	等軸 FeS_2	淡黄色	黒色	自形の結晶を示し硬度が高い．分布が広くあらゆる種類の岩石中にみられる．
磁硫鉄鉱 (pyrrhotite)	六方 $Fe_{1-x}S$	橙褐色	黒色	あらゆる種類の岩石中にみられる．塊状でまれに六角板状の結晶．強弱の幅の広い磁性をもつ．
硫砒鉄鉱 (arsenopyrite)	斜方 FeAsS	銀白色	黒色	粒状ないし緻密塊状でときに斜方柱状の結晶．
磁鉄鉱 (magnetite)	等軸 Fe_3O_4	鉄黒色	黒色	粒状・塊状および八面体・斜方十二面体の結晶．強い磁性を示す．
赤鉄鉱 (hematite)	六方 Fe_2O_3	鋼灰色	赤褐色	赤黒色塊状・赤色土状など産状はさまざま．結晶は板状で強い金属光沢を示す．

塩酸により激しく発泡するので，これが最も有効な識別の手がかりとなります．
　なお，上記の鉱物はすべて薄片にすれば光を通しますが，一部の岩石や鉱床地域で目に触れる機会の多い真の不透明鉱物については，判別の手がかりを表1に示しました．

2.3.2　機器による鑑定
a.　偏光顕微鏡による同定
　岩石試料から薄片を作り，偏光顕微鏡下での観察を行うことによって鉱物の種類をより正確に決定することができます（図2）．この際，鉱物の形，劈開の有無と方向性，色および多色性，屈折率，光軸性，干渉色などが判定の基準になります．また，不透明鉱物の場合には試料の研磨片を作り，反射型偏光顕微鏡で観察します．

b.　機器分析による同定
　1）　X線回折：　X線粉末回折法（XRD）が最も普通に用いられますが，この場合目的の鉱物をできるだけ単相に分離しておくことが肝要です．やむをえず異種鉱物との混合試料となる場合でも，目的鉱物が10～20％以上含まれていなければ同定可能な回折線を得ることは難しくなります．目的鉱物が少量でXRDが使えないときには，結晶の小片1個からでも格子定数がわかるX線単結晶法によらねばなりません．

　2）　EPMA（X線マイクロアナライザー）：　試料の研磨片（不透明鉱物）または研磨薄片（透明鉱物）を作成し，微小な鉱物や微細組織の化学組成を観測するのに使用されます．特に，金属鉱石に含まれる極微小な鉱物は，反射顕微鏡による観察だけでは同定困難な場合も多く，EPMAは有力な判定手段となっています

2.4　岩石学的研究手法
　露頭観察やリモートセンシング画像においては，成層構造があるか，全体に塊状であるか，あるいは両者の接点があるのかなどの岩石の特徴を把握する必要があります．岩石は，火成岩・堆積岩・変成岩に大別され，火成岩は火山岩と深成岩とに分けられます．野外調査では，少なくともこの4種の区別だけは記載しておくことが必要です．さらに，岩石を構成する鉱物の種類・形状・量比などを手がかりに，露頭の状況と合わせてその岩石の種類を判定し，野外での名称を決めておきます．

2.4.1　肉眼鑑定
　おもな岩石について見かけの特徴を以下に列記しておきます．

a.　火山岩
　1）　流紋岩・デイサイト：　全体に白っぽく，肉眼的な斑晶が目立たないことが多く，一方で赤・緑などに着色した縞模様や，球顆や斑晶が並んだ流理構造を示すこともあります．また，全体がガラス質あるいは軽石質のこともあります．斑晶が認められる場合は，斜長石・アルカリ長石のことが多く，新第三紀以前の流紋岩・デイサイトでは空隙をオパールや玉髄が充填することがあります．

　2）　安山岩：　日本の火山にごく普通に見られる岩石（富士山は次の玄武岩）で，灰色の基地に斑状組織が顕著で，斑晶は斜長石・輝石・角閃石・黒雲母が主です．

　3）　玄武岩：　灰黒色で持ち重りがし，斑晶は斜長石・輝石・かんらん石が主です．真っ黒で斑晶が見えない例もあり，泥岩とよく似た見かけを示すこともあるので注意が必要です．

b.　深成岩
　1）　花崗岩：　粗粒で白っぽく，有色鉱物は少なく新鮮な場合は堅硬な岩石です．石英・カリ長石・

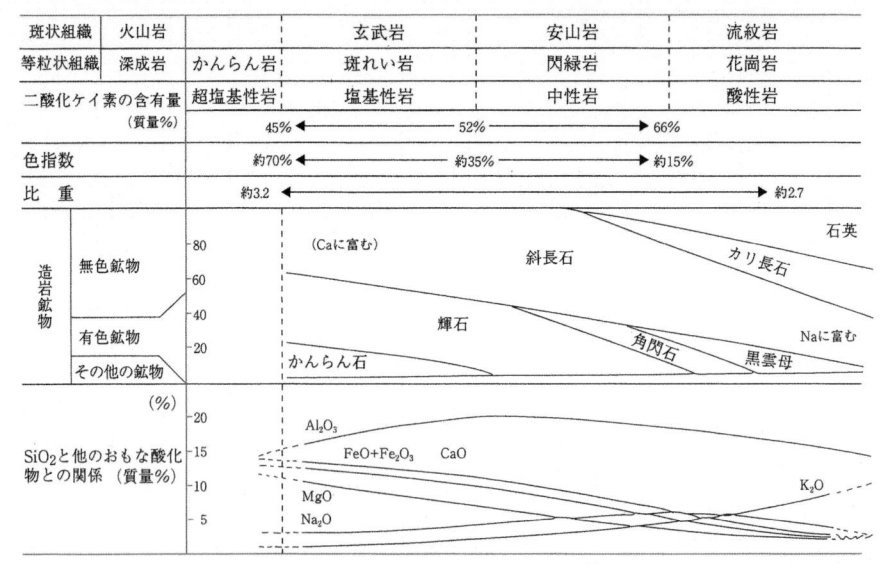

斑状組織	火山岩		玄武岩	安山岩	流紋岩
等粒状組織	深成岩	かんらん岩	斑れい岩	閃緑岩	花崗岩
二酸化ケイ素の含有量 (質量%)		超塩基性岩	塩基性岩	中性岩	酸性岩
		←45%	←52%	←66%→	
色指数		約70%	約35%	約15%	
比 重		約3.2			約2.7

図7 火成岩の分類

斜長石が主体で，黒雲母・角閃石を伴います．「御影石」は石材として有名です．

  2) 閃緑岩： 組織的には花崗岩と変わりませんが，見た目はずっと黒っぽく，これは輝石・角閃石・黒雲母などの有色鉱物の量が花崗岩より多いためです．

  3) 斑れい岩： 粗粒で黒く，有色鉱物が大半を占めます．斜長石・輝石・かんらん石・角閃石がおもな構成鉱物です．

  4) かんらん岩： 帯緑黒色の超塩基性（苦鉄質）岩で，ほとんど輝石とかんらん石で構成され，少量の角閃石・斜長石などを伴います．かんらん石が蛇紋石化することにより，全体を蛇紋岩と呼ぶ方がふさわしい場合が多く，顕著な脂肪光沢を持ちます．火成岩の分類を図7に示します．

c. 堆積岩

  1) 泥岩： 非常に細かい粒子から構成され，肉眼では鉱物を確認できません．続成作用により剥離性が明瞭になったものを頁岩，さらに進行したものを粘板岩と呼びますが，区別は曖昧です．

  2) 砂岩： 概して等粒状の組織を持ち，個々の粒子が肉眼ないしルーペで識別できます．丸みを帯びた石英・長石のほか，各種の砕屑鉱物や岩片などで構成されます．

  3) 礫岩： 各種岩石起源の礫が固結した岩石で，礫の丸みの程度，基質の割合などはさまざまです．

  4) 凝灰岩： 火山噴出物が堆積・固結してできる岩石を火山砕屑岩と呼び，そのなかでおもに火山灰が固結した細粒の岩石を凝灰岩と呼びます．岩肌が粗く岩片や火山礫・軽石を含みます．新鮮なものは白色から暗灰色ですが，著しい変質作用の結果，緑色・褐色など色調の変化に富みます．「大谷石」は石材として有名です．

  5) 石灰岩： おもに海水中のカルシウム分が，生物に吸収されて殻などの生物体をつくり，その遺骸が堆積してできた岩石です．灰白色で緻密で泥などの不純物が多いほど見た目は黒くなります．化石を含むことが多いのですが，他方非生物起源の石灰岩もあります．

  6) チャート： 海水中の珪酸分が，化学的沈殿作用や微生物の同化作用により固定され，沈殿・堆積した岩で，非常に固く，色彩の変化に富みます．

堆積物と堆積岩の関係を図8に示します．

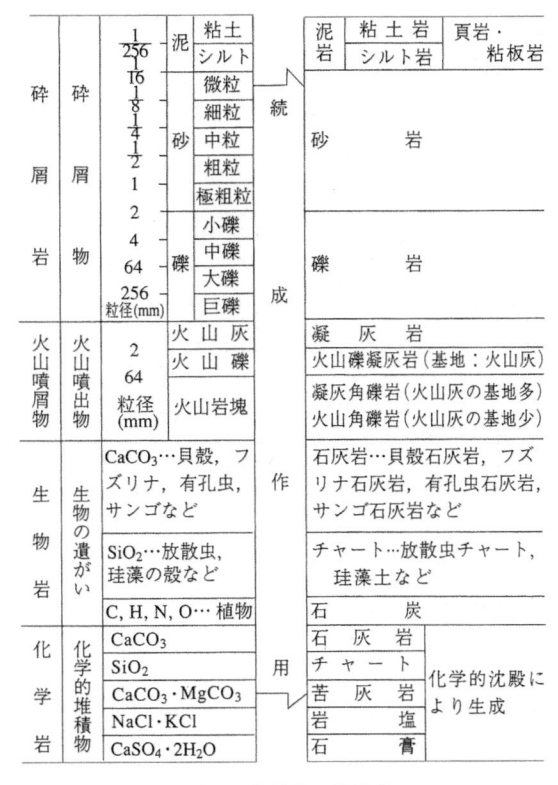

			粒径(mm)				
砕屑岩	砕屑物	泥	1/256	粘土	泥岩	粘土岩	頁岩・粘板岩
			1/16	シルト		シルト岩	
		砂	1/16	微粒	続成作用	砂岩	
			1/8	細粒			
			1/4	中粒			
			1/2	粗粒			
			1	極粗粒			
			2				
		礫	4	小礫		礫岩	
			64	中礫			
			256	大礫			
				巨礫			
火山噴屑物	火山噴出物		2	火山灰		凝灰岩	
			64	火山礫		火山礫凝灰岩（基地：火山灰）	
			粒径(mm)	火山岩塊		凝灰角礫岩（火山灰の基地多）	
						火山角礫岩（火山灰の基地少）	
生物岩	生物の遺がい	CaCO₃…貝殻，フズリナ，有孔虫，サンゴなど			作用	石灰岩…貝殻石灰岩，フズリナ石灰岩，有孔虫石灰岩，サンゴ石灰岩など	
		SiO₂…放散虫，珪藻の殻など				チャート…放散虫チャート，珪藻土など	
		C, H, N, O…植物				石炭	
化学岩	化学的堆積物	CaCO₃			用	石灰岩	化学的沈殿により生成
		SiO₂				チャート	
		CaCO₃・MgCO₃				苦灰岩	
		NaCl・KCl				岩塩	
		CaSO₄・2H₂O				石膏	

図 8 堆積物と堆積岩

d. 変成岩

1) 結晶片岩： 泥岩・砂岩・凝灰岩などの堆積岩類が，続成作用よりも高温・高圧の条件下で再結晶した岩石です．鉱物は平行に配列して片理を形成するため，その方向に沿って板状に割れやすい性質を持ちます．源岩の種類によって色や再結晶で生成する変成鉱物の種類が異なります．おもな鉱物は石英・斜長石・白雲母で，このほかに含まれる角閃石・黒雲母・ざくろ石・緑れん石・紅れん石などの鉱物が結晶片岩の分類に重要です．なお，典型的な結晶片岩より変成度が低い場合には，岩石は鉱物粒が判別できないほどごく細粒の石英・白雲母・緑泥石から構成され，剥離性が著しく，これを千枚岩と呼びます．

2) 片麻岩： 結晶片岩より著しく粗粒の変成岩で，mm サイズの石英・斜長石のほか，黒雲母・カリ長石・珪線石・菫青石・ざくろ石（砕屑岩起源）あるいは角閃石（火山砕屑岩起源）などから構成されます．石英・長石類の多い部分と有色鉱物に富む部分とからなる粗い縞状構造（片麻状構造）を特徴としますが，この構造が弱い場合一見して花崗岩に似ることもあるので注意が必要です．広域変成帯の高温部に分布することが多いです．

3) 角閃岩： 塩基性（苦鉄質）火山岩・火山砕屑岩を源岩とする高温でできる変成岩で，大部分が向きを揃えて配列した角閃石からなります．斜長石を伴いますが，縞状構造が認められないかごく弱い点が片麻岩と異なる特徴です．黒雲母・ざくろ石・輝石を伴うことがあります．

4) ホルンフェルス： 堆積岩がマグマの貫入により熱せられ（接触変成作用），再結晶化してできた岩石で，暗色で固く細粒で均質な組織を特徴とします．泥岩起源のホルンフェルスでは，楕円状や六角柱状（双晶）の菫青石・斜方柱状の紅柱石などの変成鉱物からなる斑点（斑状変晶）が認められるこ

とがあります．

　5）結晶質石灰岩： 石灰岩が熱変成を受けて再結晶した岩石です．白色粗粒の方解石の集まりで，石材名としては大理石と呼ばれます．もとの石灰岩に不純物が多いと，珪灰石・ざくろ石・緑れん石などのスカルン鉱物が晶出します．

　おもな源岩と代表的な変成岩との関係を図9に示します．

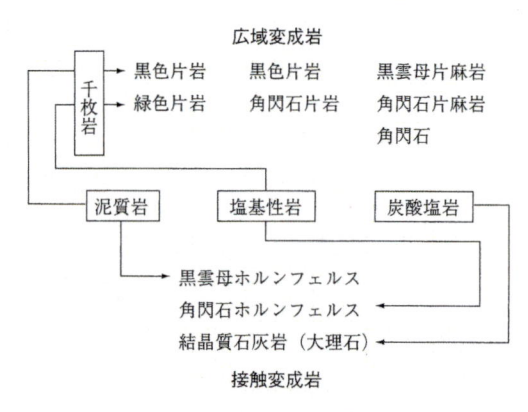

図9 源岩と変成岩の関係

◀ 3．地質図と地質情報 ▶

3.1 地　質　図

　地質図とは，表層を覆う土壌や草木以外の地殻表面の岩石などを，その種類，または岩相と時代とで区別し，それらの分布と構造や累重関係などを示した図をいい，地質情報の最も典型的な例です．普通は地形図に岩石の境界と地形面との交線で分布を示し，そのほかの地質の属性を地形面上に投影して示した図となります．岩石の分布とそれらの属性を鉛直面または水平面に投影した図は，それぞれ，地質断面図（鉛直地質断面図），水平地質断面図といいます（後述）．

　普通の地質図には，基準となる方位または緯度経度，縮尺または尺度，凡例，地質断面図が付されています（本文中の挿入図参照）．凡例は，岩石の形成順序がわかるように古いものを下から順に一列にそれぞれの岩石を区別する色や模様や記号を並べ，さらに，断層，褶曲，地層の走向傾斜，その他の地質の属性を表す色や記号などを並べたものです．

　地質図は，利用目的に合わせて縮尺や表現の仕方を変えるので多様な種類があります．例えば，地質調査所では，緯度経度で区切られる1つの区画内の地質の分布を示す5万分の1地質図幅（図幅＝1つの図画を一幅の絵に見立てた表現）や，20万分の1地質図幅，50万分の1地質図幅，100万分の，1,200万分の，1,500万分の1の日本地質図のほかに，以下に述べる各種特殊地質図が作成されています．

　5万分の1地質図幅は5万分の1地形図に表現されている主たる河川系や稜線，道路に沿って露頭を調査してまとめられた地質図で，日本各地の地質を網羅的に表現することを目的にした地質図の代表格です．20万分の1以上の小縮尺の地質図は，形式は5万分の1地質図幅と似ていますが，既存の調査報告や論文などに基づいて作成される編集図です．この他，各都道府県が作成している5万分の1表層地質図や，旧国土庁が作成している20万分の1表層地質図は，岩石の物性を考慮して作成された地質

図で，地質調査所の5万分の1・20万分の1地質図幅とは性格が異なります．国土開発技術研究センターが発行している各地方の20万分の1土木地質図は，土木建設計画に資することを目的としている編集図ですが，地質図に示される岩石の土木工学的性質などが詳しく解説されているのが特徴です．

　海洋地質図は，音波探査によって見える物性の異なる岩石の分布を調べ，ボーリングやドレッジ（採泥器を船から曳行して海底からサンプルを採取する道具）によるサンプル採取とその解析，隣接する陸上の地質調査で得られたデータや重力などの各種地球物理情報に基づいて，陸上の岩石との対応関係や岩石分布の幾何学的形態から推定される成因などを考慮して作成されます．

　火山地質図は，火山の形成過程や噴火の歴史が読みとれるように産状を考慮して噴出物を分け，詳しい層序を立てて，それらの分布と広がりを強調して表現し，噴火の様式と規模の違いによる災害の予測にも役立つように作成されています．

　地質構造の表現に重点をおいた構造図の一種である活断層図（活構造図）は，活断層（活構造）の分布を示した地質図で，活構造の変位とその活動時期などが読み取れるよう，若い時代の地層を特に詳しく区分して示しているのが特徴です．断層の位置や活動履歴も発掘調査結果などを加味し正確さを高めています．最近では，活断層そのものとその周辺にのみ限定した詳しい活断層図が，活断層ストリップマップとして出版されています．逆に構造図でも，若い岩石や地層を剥ぎ取ったときに分布していると推定される基盤の古い岩石の分布と地質構造を示し，それらを規制している地質構造を示した図もあります．この種の図は，普通の地質図とは異なり，若い岩石に覆われて見えない部分を何らかの論理で推定しているもので，古い時代の地球の歴史（地史）を考察するときなどに役立ちます．

　水理地質図は，岩石を透水性または滞水能力，被圧の程度などを考慮して区分して，地下水の化学的特徴，流水量など水理に関連したデータとともに，それらの分布を示した地質図です．地下水位の利用を考えるときなどに役立ちます．

　炭田図や油田・ガス田図は，探査対象となる堆積岩の分布とそれらがなす地質構造などを，石炭や石油・ガスの賦存状況とともに示した図です．鉱物資源や地熱資源についても同様の図が作成されており，地質リモートセンシングの主要な目的の1つである資源探査にも利用されます．

3.2　地質図の読み方と書き方

　地質図の書き方を知った上で読み方を理解すれば，リモートセンシング画像の地質学的解釈に大いに役立ちますので，ここではあえて両者を分けずに以下に略述します．「地質図」を「リモートセンシング画像」と置き換えても概ね同様の理解を得ることができます．

3.2.1　岩石の幾何学的形態

　岩石・地層・岩体などの分布形態は，平板状のものからさまざまな曲面で囲まれたものまで多種多様です．例えば，普通の堆積物や火砕流堆積物，降下火砕堆積物，溶岩などは，流れてきた固体粒子または溶融した珪酸塩がもともとほぼ水平な面に扇状に広がって定置したものなので，断面を見ると平板またはそれに近い層状の形，すなわち，地層をなしています．貫入岩は平板な岩脈などや，曲面に囲まれたラコリス（餅盤），円筒状の岩頸・岩株，巨大なのし餅状のバソリス（底盤）などさまざまな形態を示します．変成岩は，これらが熱や圧力を受けて変成し変形したものです．

　これら岩石の境界は，曲面または平面の組合せからなり，それらの面と地形面との交わりは曲線または直線の組合せで表されることになります．比較的単純な形態である地層も，地殻変動や火成岩の貫入で変形すれば曲面をなし，変形が進んで剪断されれば，剪断された面（断層面）を境に食い違う曲面や

平面の複雑な組合せで表現されることになります．したがって，ある特定の岩石の分布する地域は，地質図の上では曲線や直線の組合せで囲まれた1つの閉じた領域をなします．

3.2.2 岩石の境界面の幾何学

それぞれの岩石のなす領域の表面（境界面）は，適当な範囲に限定すれば平面で近似できます．それが水平な場合には地形面との交線（境界線）は等高線と平行になり，垂直な場合には，走向方向に直線をなして等高線を横切ります（図10）．

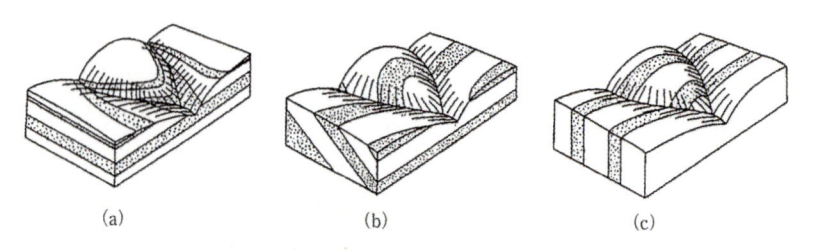

図10 地形と地層面との関係（藤田ほか，1955）
（a）地層が水平な場合，（b）地層が傾斜している場合，（c）地層が垂直な場合

境界面が平面の場合，その平面は，水平面と平面との交線（走向），水平面と平面とがなす角度（傾斜），および平面が通る1点を指定することによって定義することができます．等高線はある一定の高

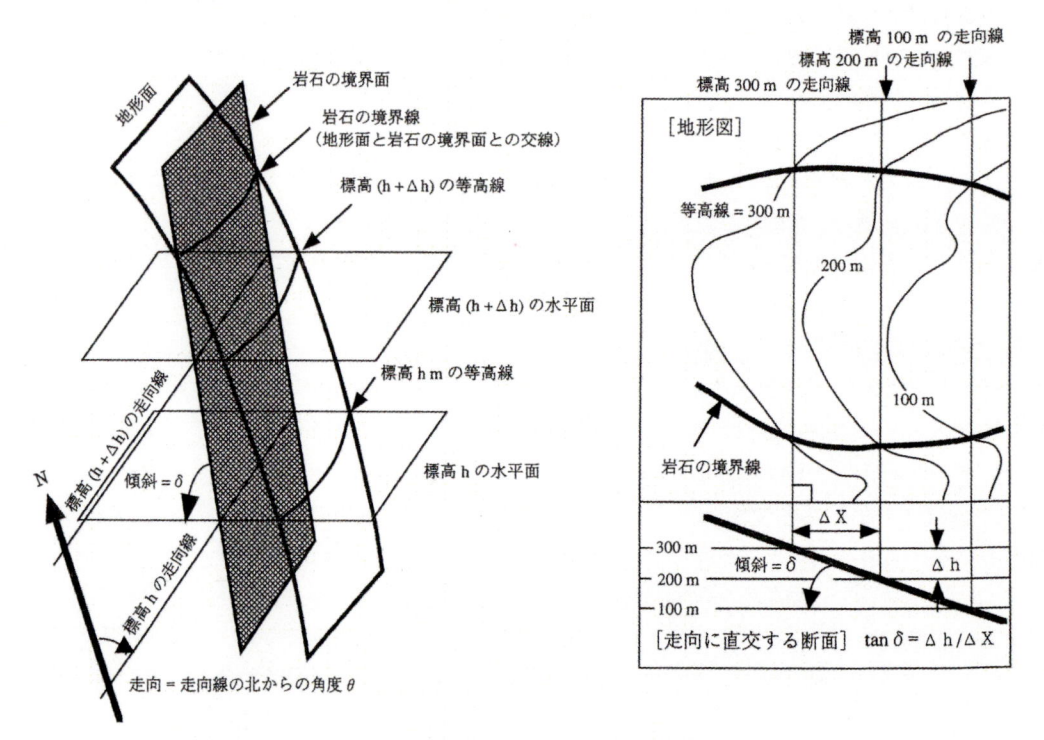

図11 平面をなす岩石の境界面と水平面および地形面との幾何学的関係
左図：岩石の境界面が平面ならば，水平面との交線の方向（走向θ）と水平面からの傾き（傾斜δ）および境界面上の1点がわかれば，その姿勢と位置を定められる．
右図：ある高さ（標高）の水平面と岩石の境界面との交線（走向線）は，その標高の水平面と地形面との交線（等高線），すなわち地形面がその標高の水平面を切るところで地形面と交わる．等高線およびそれと同じ標高にある走向線との交点は，岩石の境界面が地形面と交わる点であり，各等高線について求められた交点を結べば境界線が得られる．

さにある水平面と地形面との交線なので，岩石のなす領域の境界面（平面）と地形面との交線（境界線）を地形図上で求めようとすれば，ある高さ（標高）の水平面と岩石のなす領域の境界面（平面）との交線（走向線）がその高さにある等高線（水平面と地形面との交線）と交わる点を結んでいけばよいわけです（図11）．このような方法で，谷地形と尾根地形を例に実際に岩石の境界面と地形面との交線

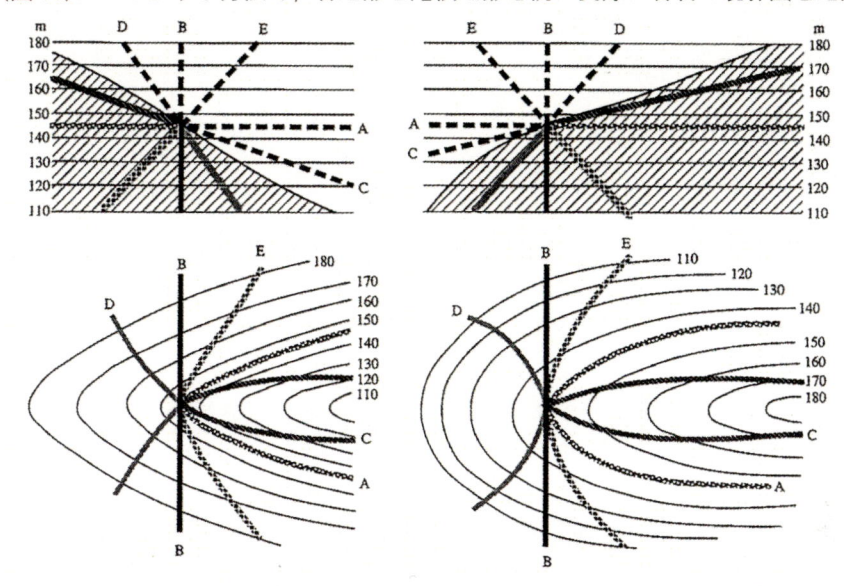

図12 平面をなす岩石の境界面の傾斜が異なる場合の境界線（境界面と地形面との交線）と地形との関係を示す断面図（上図）と平面図（下図）（鹿沼，1966）

を描いてみると（図12），谷地形で境界面が下流側に傾斜している場合は，傾斜が地形面のなす傾斜よりも急であれば，境界線は谷の下流側に突き出ますし，緩やかであれば上流側に突き出ることになります（左のD, C）．また，上流側に傾いている場合も上流側に突き出ます（左E）．尾根地形で境界面が尾根を上る方向に傾斜している場合は，傾斜が地形面のなす傾斜よりも急であれば，境界線は尾根を上る方向に突き出ますし，緩ければ尾根を下る方向に突き出ることになります（右のD, C）．境界面が尾根を上る方向に傾いている場合も尾根を上る方向に突き出ます（右E）．境界面が鉛直であれば地形の等高線に関係なく直線となりますし，水平の場合は地形の等高線と平行になります（A, B）．境界面が断層面である場合も同様にどちら側に傾いているか描けますし，地質図から判定することができます．

　地質図からは境界面の走向と傾斜を読むことができます．同じ標高にある境界線と等高線との交点を結べば，結んだ線が境界面の走向を表す線（走向線）そのものです．また，標高の異なる2つの等高線について得られたそれぞれの走向線と走向線との距離とその高度差の正接が傾斜になります（図11参照）．逆に，ある地点を通過する境界面の走向と傾斜がわかれば，その面の境界線を地形図上に描くことができます．境界面が断層の場合でも同じです．もし，境界面が曲面であれば走向線は曲線となり，標高の異なる等高線と交わる走向線と走向線との距離も一定ではなくなり複雑になります．以上のことはリモートセンシング画像と標高データを組み合わせた図でもいえるので，画像判読に役立ちます．

3.2.3　断層面の幾何学

　境界面が断層面である場合，断層面に接するある岩石の境界面が断層面上でどの方向にどれだけずれたかを幾何学的に求めることができ，逆に変位の方向と距離がわかれば，断層面を挟んで対応する境界面を地質図上に描くことができます．

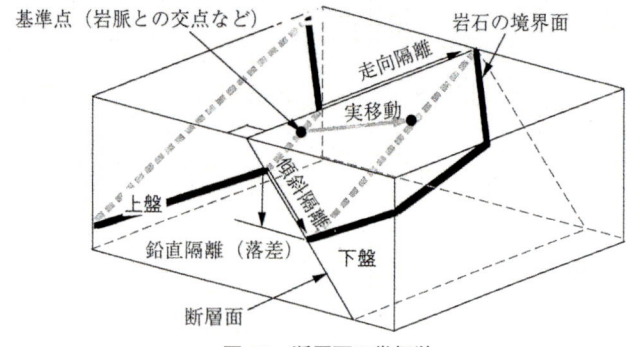

図 13 断層面の幾何学

　回転を伴わない断層で，断層面上での変位方向がわかっている場合は，図 13 に示すように，断層面に接する岩石の境界面の任意の 1 点と，そこから変位方向に延ばした直線が断層面に接するもう一方の岩石の境界面との交点との距離が，実際の変位量（実移動距離）となります．変位方向は，断層面の鏡肌上の条線の向きからわかる場合があります．また，着目する岩石の境界面が岩脈またはほかの岩石の境界面と交錯している場合は，断層面上における交点を基準点として，それらのずれから相対的変位方向と変位量を求めることができます．ただし，断層が繰り返し変位している場合は，一義的には定まりません．衛星画像データに表現されるような大規模な断層では，異なるセンスの断層運動が重畳する場合があり，現地調査結果との比較検討が不可欠です．

　変位方向がわからない場合でも，断層面と岩石の境界面を水平面と鉛直面に投影してみれば，境界面が水平方向（断層面の走向方向）と垂直方向（断層面の傾斜方向）のどちら側にどれだけ相対的にずれたのかは求めることができます（図 13 参照）．この場合，断層の変位量を，断層面の走向方向での境界面のずれの量（走向隔離）と断層面の傾斜方向での境界面のずれの量（傾斜隔離），あるいはその鉛直成分の大きさ（鉛直隔離）で示すことが一般的です．普通，落差という場合，鉛直隔離のことを指すことが多いのですが，隔離しかわからないときには，相対的隔離の方向が観察する面の向きによって異なり，実際の相対的移動方向とは異なることもありうるので，注意を要します．ある断面で上盤が下盤に対して上に移動しているように見えても，ほかの断面ではその逆に見えることもあるのです．

　回転を伴う断層では，断層面上の場所によって変位量が異なるので，回転の不動点を探して，その点を基準にした回転ベクトルを求めることになります．この方法は回転を伴わない場合にも応用でき，変位量と変位方向とをベクトルで示すことができるという利点があります．ベクトルを用いて断層の変位を示す方法は，幾何学的に変位ベクトルを求める方法そのものなのでここでは割愛します．ただ，断層が変位し続けているときに定置した堆積岩や火山岩の厚さは断層の両側で異なりますので，地層の境界面を基準に単純に変位を求めてはいけません．また，断層が一方向に変位する場合は，それぞれの地層の基底面を比較して得られた変位量が，その地層が堆積し始めてから断層運動が停止するまでの間に変位した量となることにも留意してください．

3.2.4　岩石の新旧関係，地質構造などの表現

　上述のように描かれた境界線は，地層が整然と重なり合う場合は概ね調和的で，互いにほぼ平行に配列します．次の地層が上に重なるまでの間に，地層が下刻されたり変形したりすると，それらを構成する岩石と岩石との境界は非調和的となり互いに斜交します．火成岩が岩石の中に貫入している場合は，調和的な場合と非調和的な場合がありますが，調和的な場合でも当然のことながら必ず非調和的な部分

があります．境界が非調和的な場合，新しい方の岩石の境界がこれと接する古い方の岩石の境界を切断するように分布することが多いので，これによって岩石の新旧が判別できることもあります．しかし，調和的な場合は新旧を指定されない限りわからないので，普通は，岩石の新旧がわかるように古いものから順に一列に凡例に並べて表示します．

岩石内部に発達する層理面や葉理面，流理面，片理面，節理面などの面構造や，それらの面上に固体粒子の配列で構成される線構造が認められる場合，これらは走向傾斜とは異なる記号でその方向性が地質図に示されます．断層や褶曲を表す線は，地層や岩体の境界線よりも太く描いたり色を変えたりして表示するのが普通です．

地質図に表示する岩石や地層の種類は記号と模様，または記号と色と模様とで区別することが多く，日本でよく使われる記号・模様の例が図 14 に示されています．一般的には地質図の色については，1882 年の万国地質学会議（IGC）で，次のように提案されています．

① 古い時代の地層は濃く，若い時代のものほど薄く着色します．
② 時代が近接しているものについては，混同しない程度に似た色にします．
③ 中生代および第三紀の地層は光のスペクトルの原色にします．すなわち，三畳紀層は藍色，ジュラ紀層は青色，白亜紀層は緑色，第三紀層は黄色とし，古生代の地層には混合色を使います．
④ 地質図の着色は，できるだけ岩石の性質に対応した習慣に従い，火成岩は濃い色とし，珪長質岩には赤色，苦鉄質岩には紫または濃緑色を使います．

記号の付け方にはこれといった規則はありませんが，第四系については小文字のアルファベット，それより古いものについては大文字のアルファベットに小文字を付して，それぞれの記号は地層・岩体名や時代，岩石の種類の頭文字を組み合わせて作ることが多いのです．時代については世界的にほぼ共通した記号を用いており，地質調査所の 100 万分の 1 日本地質図第 3 版では，原生代，カンブリア紀，オルドビス紀，シルル紀，デボン紀，石炭紀，二畳紀，三畳紀，ジュラ紀，白亜紀，古第三紀，新第三紀，第四紀をそれぞれ，Pt，C，O，S，D，C，P，TR，J，K，PG，N，Q と表記しています．

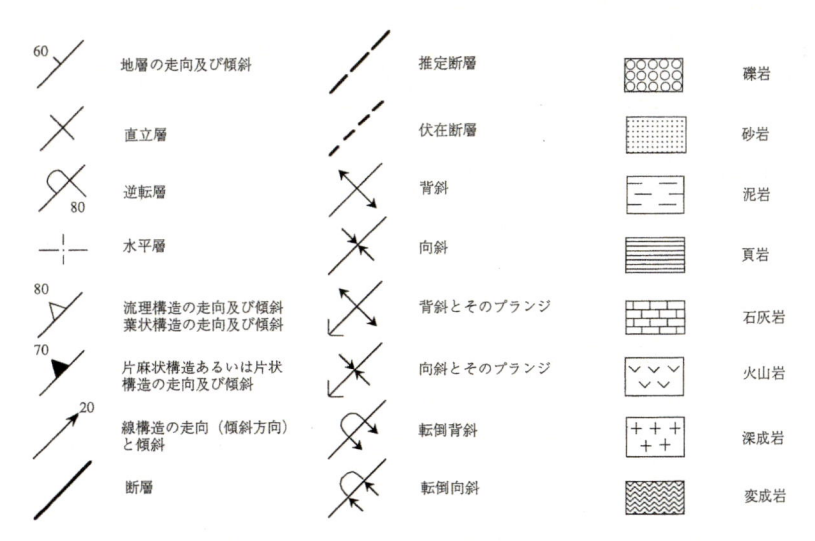

図 14 地質図に用いられる記号と模様の例

3.2.5 地質断面図

地質断面図は，岩石の分布や地質構造，累重関係などを直感的にとらえるのに役立ちます．地形等高

線などが表示されていない地質図や衛星画像では，地形と岩石の分布との関係を知る手がかりになるので特に重要です．

普通，断面図という場合は鉛直方向の断面図を意味します．鉛直断面図を描くときは，その位置を設定し地質図上に投影した線（断面線）を示します．断面線は地質図に示されている岩石の延びの方向（地層でいえば走向方向）に直交する方向に置くことが多いのですが，これは岩石の広がりや地層の厚さ，地層の上下関係など岩石相互の関係，地質構造が把握しやすいためなのです．

次に断面線に沿った地形断面（地形の断面線）を描き，断面線と岩石の境界線との交点を地形の断面線の上に落とします．この交点から地層の境界線を地下へどのように延ばして描くかは，境界線の走向と傾斜で決まります．走向が断面と直交していれば，傾斜をそのまま使って描けばよいのです．走向と断面とが斜交している場合は，実際の傾斜よりも緩くなるので，地層の厚さも見かけ上異なることに注意する必要があります．もし，鉛直方向と水平方向とで縮尺が異なるのであれば，断面図に記入する傾斜はこのことも考慮しなければなりません．岩石の境界面の傾斜が緩く構造がはっきり示せない場合は（多くの第四紀層など），鉛直方向の縮尺を水平方向の縮尺よりも大きくして断面図を描くことがあります．

断面図上で境界線をどの深さまで延伸できるかは，対象とする岩石の分布について推定できる論理またはほかの証拠（例えば，トンネルや坑道内，ボーリングの地質調査記録，物理探査の解析結果など）がないかぎり，それが露出する標高の範囲にとどめておくことが望ましいと思います．鉛直断面図とは別に水平断面図を描く場合は，設定された標高の水平面上に岩石の境界線を投影すればよいのですが，この場合でも不規則な形態をとる岩石の分布は模式的なものにならざるをえません．水平断面図の利点は，地層の走向や層厚の変化を直感的にとらえやすいことにあります．

◀ 4．地質構造の解析・表示 ▶

4.1 地質構造の成り立ち

地殻にはさまざまな規模・特徴を持つ地質構造が発達しており，個々の構造のことを変形構造と呼びます．ここでは，リモートセンシング画像を解釈する上で最も基本となる褶曲と断層の幾何学的特徴とその応用例について記述します．

4.1.1 初生構造と後生構造

地質構造には，地層・岩石が生成する過程で形成された初生構造と，初生構造が後生的に変位・変形を受けてできた褶曲・断層などの後生構造とが識別され，一般に地質構造は後生構造を指します．

初生構造の例としては，堆積物の層理面・堆積構造，火成岩の貫入面・流理構造などがあり，堆積と同時期に形成される海底地滑り性の変形構造や脱水構造なども初生構造に属するとみなされることが一般的です．後生構造はこれらの初生構造が変形することで形成される変形構造であり，初生構造は後生構造を観察するときの指標となります．しかし，堆積物が固化する前に外因性の造構力を受けて変形を受けると，未固結堆積物の変形が生じるため，海底地滑り性の変形構造との識別がしばしば困難になることがあるので解釈には十分な検討が必要です．

4.1.2 大構造と小構造

地質構造の規模は，地殻全体に及ぶ大規模なものから手にとって見ることができるような小規模のものまでさまざまで，その構造的な位置づけや意味が異なるので，観察するときには対象となっている地

質構造がどのような規模であるかを理解しておくことが重要です．実用的な区分として，露頭や岩石試料規模，さらには顕微鏡下で観察されるようなものを小構造とし，地質図でしか表現することができないものを大構造として区別します．例えば，数十 km に延長する断層は，地質図や衛星画像でその特徴がとらえられる大構造です．一方，現地で断層露頭に近づいて観察すると，幅数十 m の断層破砕帯やそれを構成する小構造が観察でき，断層の変形像や運動像を理解する上で重要な情報を与えます．

4.1.3 多重変形と時階区分

　日本列島に分布する中・古生界のように，長い間プレート収束域に位置した地質体の場合，複数回の造構変形を受けています．また，一般に地殻深部で変形・変成した岩石については，それが上昇・隆起する過程でも初期の地質構造に新しい変形が重複します．このように，多重に変形を被った地質体の造構史を解明するためには，変形時階の認識が重要です．変形時階は，同一世代の各種の地質構造が形成された期間を指し，それぞれ同一の広域応力場に対応して形成されたものと考えられる断層・褶曲のほか，各種の線構造や劈開などの面構造で特色づけられます．個々の変形時階を識別し，それぞれの変形時階の地質構造の特徴とその運動像や変形条件を検討し，そして各時階間の空間的・時間的関係を解明することが重要です．変形時階は，初期から後期にかけて，第1時階，第2時階などと称し，各時階と変形構造の種類を区別するためにアルファベットの大文字で変形構造の種類を，その下付き数字で時階が表現されます．

4.2 地表部（地質図・リモートセンシング画像上）のおもな地形・地質構造

　事前調査および現地での野外調査時において，既存ないし作成中の地質図上である特有のパターンが認識されることがあり，リモートセンシング画像における地質構造の探査や解析に有効な場合が多いので，以下に具体的にいくつかの事例を紹介しておきます．

4.2.1 （直)線状構造（リニアメント）・帯状構造

　直線ないし直線上の緩やかな曲線を呈する構造（地形）のことですが（例えば図 15D），成因は多様であり，即断層であるとは断言できないことに留意してください．例えば断層（破砕帯）を直接反映した浸食地形の場合もありえますし，単なる地質や地形の相違による直線的な境界であったりもします．さらには，空中写真判読によるリニアメントでは，植生の相違，水系パターンの急変や被覆土壌の色調の変化などに起因することもあります．近年のリモートセンシング技術の進展によって，狭い地域の地表地質調査では認識できにくい大規模な線状構造や，ステップ状に折れ曲がった大規模な変形帯の一種であるメガキンクが発見されるようになりました．

　また，地溝（graben）などはほぼ平行な断層（一般に正断層）で境され，相対的に沈下した部分に堆積した地層が帯状分布を示すので認知されます．この場合多くの胴切り断層で切られていることもあります．

4.2.2 曲線状構造

　おもに褶曲構造において顕著で，例えば図 16 は北へプランジした比較的連続性のよい褶曲構造です．地形との関係いかんでは図 15C のように鍵層（凝灰岩）が口紅マーク状のパターンを呈することもあり，露頭条件がよければ地形にも表現されます．また，褶曲の水平断面図はその垂直断面形態と深く関わっており（図 17），深部構造の推定に役立ちます．

　また，断層の場合でも低角の場合は等高線近似の曲線を示して複雑な曲線形状を呈することがあります．例えば，断層面の傾斜角度が系統的に変化し，特徴的な曲面をなすものに下方に向かって凸な曲面

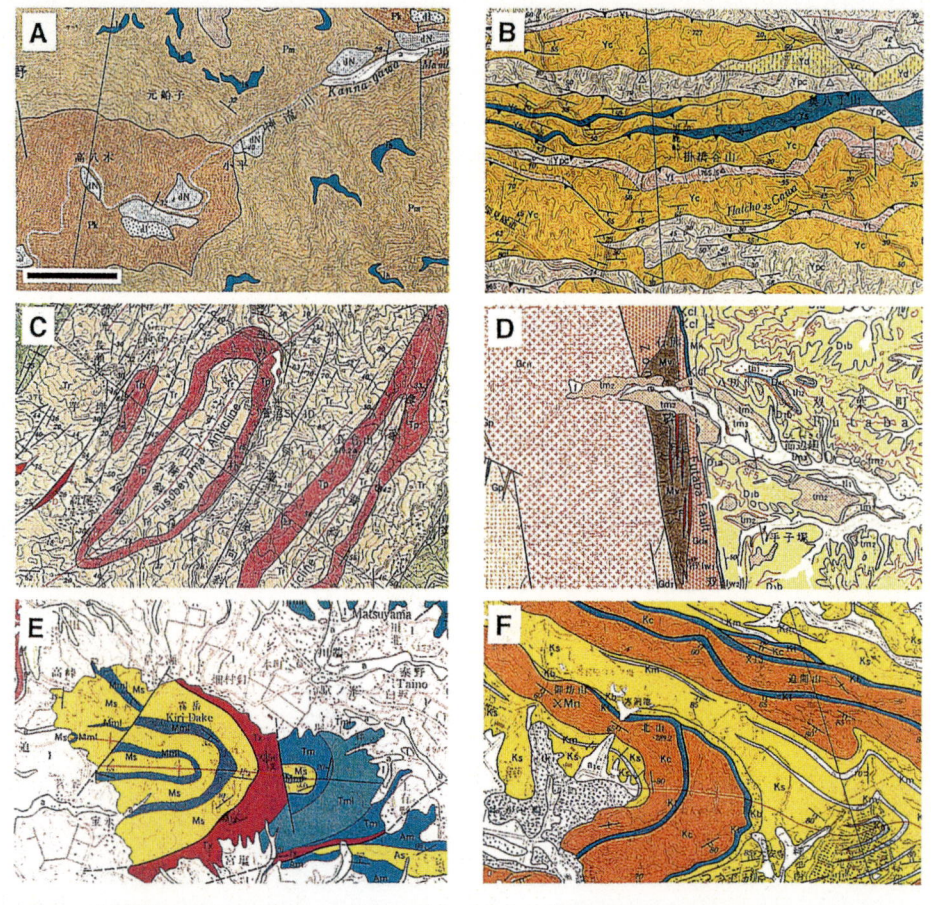

図15 地形図に見られるさまざまな地層の分布パターン（平野ほか，2000）（Aのスケールバーは1 km，B～FもAと同縮尺）

A：付加体地質学の考えが広まる前の地質図（5万分の1「万場」図幅，1969）で，石灰岩層がレンズ状に切れ切れに分布しているが全体は緩いドーム状を呈するように表現されている．
B：付加体に特徴的な多数の衝上断層による地層の切断と繰り返しが見られる（5万分の1「四谷」図幅，1994）．
C：向斜と背斜によって凝灰岩鍵層がキスマーク状に分布（5万分の1「高田東部」図幅，1994）．
D：右半部の複雑な形状は，薄く水平な地層が等高線に沿って分布しているため（5万分の1「浪江及び磐城富岡」図幅，1994）．
E：西（左）に傾く（プランジする）向斜によって丸まって分布する地層を火山噴出物が不整合に覆っているため（5万分の1「末吉」図幅，1994）．
F：堆積岩が脈をなしているように分岐して分布するため（5万分の1「末吉」図幅，1999）．

をなし，やがて地下に伏在する水平な滑り面に収れんするリストリック正断層があります．図15B・Fに示されたように，海溝などで海洋プレートが沈み込む際，海洋底の堆積物が剥ぎ取られ陸側斜面先端部に付け加えられた付加体では特有の地層境界に沿う多数の低角断層（スラスト）が発達するので，ルートマッピングのときには注意が必要です．いうまでもなく，実際の地質構造パターンでは直線状および曲線状構造が混在していることが一般的です（例えば，図15E）．

4.2.3 環状・円状・多角形構造

直径が数十 km 以下の小規模な環状構造は従来から知られており，原因としては岩塩ストックの上昇に起因する隆起・陥没地形，火成一構造起源の円（筒）形陥没構造であるコールドロンやそれに伴う環

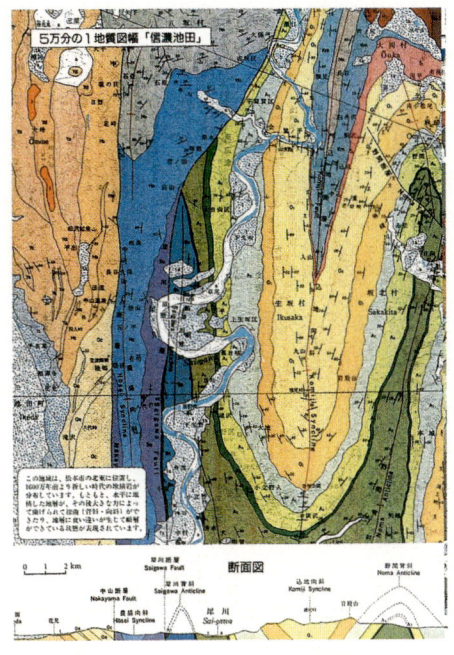

図 16 典型的な褶曲構造パターン（加藤・佐藤，1983）

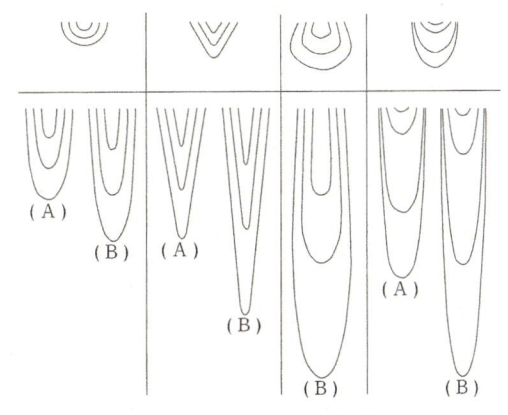

図 17 向斜の断面形態模式図（水野，1976）
　　　上段：垂直断面形，下段：水平断面形，
　　　（A）プランジが 15°の場合，
　　　（B）プランジが 10°の場合.

状貫入，また隕石衝突が挙げられています．また，マールと称される爆発的な噴火によって形成された火口で，周縁に顕著な堆積物からなる丘を持たないものは，円形を呈します．

　近年，衛星リモートセンシングによって半径 100 〜 350 km に達する大規模な環状構造が，大陸地域などに知られるようになってきましたが，この構造は基盤の地質とは必ずしも明瞭な関係がなく，その成因については確定していません．

　いわゆる新第三紀に形成された海底火山活動を伴うグリーンタフ（緑色凝灰岩）堆積盆のような陥没構造は，互いに交差する高角断層によって辺縁部を画されているので，不規則な多角形状を呈すること

があります．この場合周囲の基盤に放射状断層が発達することもあり，陥没前の隆起過程を示唆しています．

4.3 主要な地質構造の観察
リモートセンシング画像解析で重要である主要な地質構造として，褶曲と断層について解説します．

4.3.1 褶 曲
褶曲は，地層や岩石の層状をなす面構造が波状に変形している構造で，その規模は衛星画像で表現できるものから，顕微鏡規模のものまでとさまざまです．それらの形態的特徴は，地層や岩石，鉱床などの分布を理解する上で不可欠であるばかりでなく，その形成機構を解明する上でも重要な手がかりとなります．

a. 背斜と向斜
上下に積み重なった地層が褶曲すると，上に向かって凸な背斜と下に向かって凸な向斜とが繰り返すことになります．背斜部では，凸な方向は層序的上位を示すのに対して，向斜では逆に層序的下位を示します（図18）．しかし，褶曲を受けた地層が，さらに後の変動によって変形を受けると必ずしもそうではなくなります．そのため，褶曲の空間的な向きとは関係なく，凸な方向が層序的上位であれば背斜，下位であれば向斜と定義されます．一方，単に褶曲の凸な方向が空間的に上に向いている場合をアンチフォーム，逆に下に向いている場合はシンフォームと呼んで区別しています．例えば図18左上のように，地層が正上位の場合，アンチフォームは単に背斜と呼びますが，図18右下のように，逆転上位を示す場合，アンチフォームでは凸な方向が層序的下位を示すためにアンチフォーム状向斜と呼びます．一方，地層が逆転しているシンフォームの場合は，シンフォーム状背斜と呼びます（図18右上）．

b. 褶曲の基本的形態要素
褶曲した地層をそれに直交する断面で見ると，褶曲した各面上に最大曲率を示す点があり，それをヒンジ，およびヒンジ付近が丸みを帯びている場合には最大曲率部付近をヒンジ部とそれぞれ呼びます．褶曲層のうちヒンジおよびヒンジ部間を翼と称します．各褶曲層におけるヒンジを結んだ線がヒンジ線で，ヒンジ線の平均的方位として統計的に求められるのが褶曲軸です．

アンチフォームをなす褶曲面と水平面との接点を冠（crest），接点を結んだ線を冠線，同様にシンフ

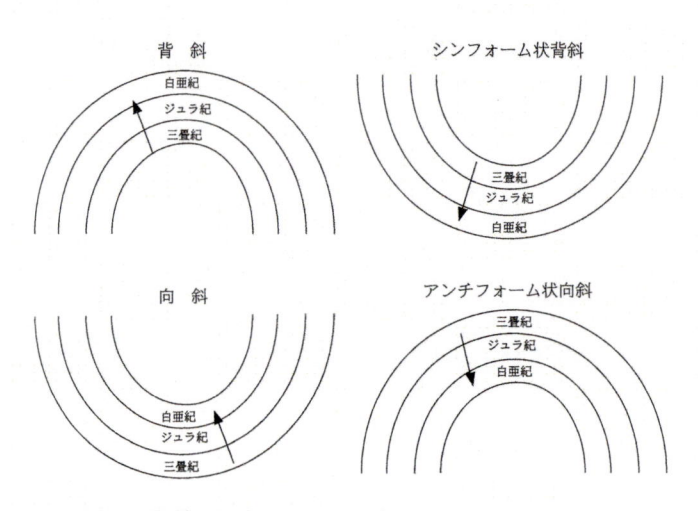

図18 背斜・向斜とアンチフォーム・シンフォームの概念図

ォームの褶曲面の場合，底（trough），底線とそれぞれ呼びます．軸面が直立した正立褶曲以外では，冠・底線はヒンジ線と一致せず，軸面が低角度になるにつれて両者の隔たりは大きくなります．

軸面は，1つの褶曲において，個々の褶曲層のヒンジ線をすべて含む面として定められ，任意の面と軸面との交線を軸跡ないし褶曲軸跡と呼びます．地質図での褶曲のトレースは，地表面と軸面との交線にあたる軸跡です（図19）．

c. 褶曲の姿勢と区分

褶曲の基本となる姿勢は，ヒンジ線と軸面のそれです．

1) 軸面： 面構造として，その走向・傾斜を測定します．平面ならば任意の褶曲面のヒンジ線と，露頭平面と各褶曲面との交線（軸跡）との2線で定めることができます．通常，軸面の姿勢は，平らな

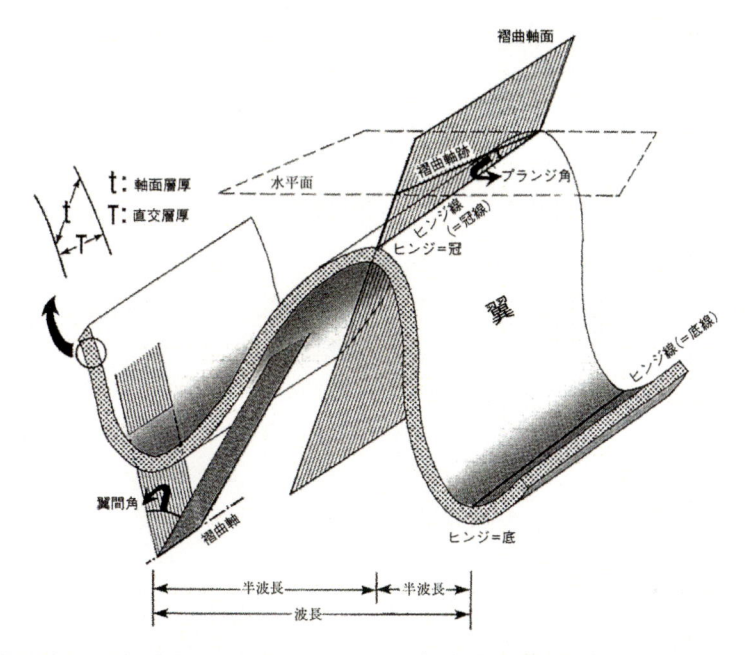

褶曲軸の水平面に対する姿勢による分類

名称	褶曲軸の沈下角度
水平褶曲	0～10°
軸傾斜褶曲	10～80°
直立褶曲	80～90°

褶曲軸面の水平面に対する姿勢による分類

名称		褶曲軸面の姿勢
対称褶曲	正立褶曲	90～80°
非対称褶曲	傾斜褶曲	80～10°
	過褶曲	〃 （片翼が逆転）
	横臥褶曲	10～0°

褶曲面の幾何学的形態による分類

名称	定義
円筒状褶曲	直線を平行移動させることによって描かれる褶曲．褶曲軸は直線．
非円筒状褶曲	直線を平行移動させることによって描けない褶曲．多くの場合，褶曲軸は曲線．

翼間角による分類

名称	翼間角
開いた褶曲	180～70°
閉じた褶曲	70～0°+
等斜褶曲	0°

層厚変化の状況による分類

名称	直交層厚	軸面層厚	褶曲機構による分類名
平行褶曲	一定	不定	曲げーすべり褶曲
	ヒンジ部で翼部より大	不定	曲げー流れ褶曲
相似褶曲	不定	一定	剪断（シア）褶曲

図19 褶曲各部の名称と分類（坂，1993）

板をこれら2線のどちらかにあて，残りの線に平行になるように平板を回転して求めることができます．
　2）　ヒンジ線：　線構造としてその走向と沈下角度を測定します．露頭では，露出しているヒンジ線を捜して測定します．ヒンジ線は必ずしも直線的ではなく，プランジ角度が変化し曲線をなすことが多く，その方位は一連の褶曲であってもある範囲でばらつきを示します．
　3）　褶曲の名称：　軸面とヒンジ線の姿勢に応じて区分されています．例えば，軸面の姿勢で見ると，軸面がほぼ垂直な褶曲は正立褶曲，水平に近い褶曲は横臥褶曲，その間に相当する褶曲は傾斜褶曲と呼ばれます．

d.　褶曲の規模と階層性

　褶曲はアンチフォームとシンフォームとが対となって規則的に繰り返すことが多く，その場合正弦波に準じて波長と振幅を定めます．波長は，同一の褶曲面についてアンチフォームないしシンフォームのヒンジ線間，ないしそれに相当する地点間の距離に相当します．ただし，実際には1波長分の褶曲が野外で観察できないことが多いため，隣接するアンチフォームとシンフォームの軸面間の距離を半波長とすることもあります（図19参照）．振幅は，アンチフォームとシンフォーム，それぞれの冠部と底部に接する上下2つの面，すなわち褶曲包絡面ないし褶曲波面間の距離の2分の1として求められます（図19）．
　褶曲包絡面は，地形図の切峰面のように，1つの褶曲層の褶曲の冠部ないし底部に接する面として定められ，褶曲層の広域的な姿勢を評価する際に役立ちます．
　また，褶曲包絡面そのものが褶曲し固有の波長・振幅を示すことがあり，その場合より高次の褶曲包絡面を描くことができます．このような背斜・向斜では，すべての褶曲の軸面とヒンジ線の姿勢は平行しており，それぞれ複背斜・複向斜と呼ばれます．一般に，褶曲は1つの変形時階に規模が異なる褶曲群が形成され，その場合に波長・振幅の次元が異なる階層性が認められることが多くあります．大構造としての褶曲の翼部やヒンジ部に発達する低次の小褶曲は，高次の褶曲とヒンジ線や軸面が平行であったり，その非対称性などに規則的な特徴があり，寄生褶曲と称されます．大構造としての褶曲については直接その姿勢を測定することができませんが，その寄生褶曲の姿勢から高次の褶曲の姿勢を推定することができる場合があります．また，逆にこの関係を利用して，調査地域において類似した姿勢を示す一群の小褶曲が観察されたときに，それが大構造としての褶曲の寄生褶曲であるかどうかを評価する1つの指標に使うことができます．ただし，姿勢が類似しているからといって必ずしも同一時期とはいえず，後述する褶曲の形態などと合わせて考察する必要があります．

e.　褶曲の幾何学的特徴と分類

　褶曲の幾何学的特徴に基づいた分類は，褶曲軸と直交する断面での形態に基づいてなされます．褶曲層の厚さについては，層理に直交した厚さ，いわゆる層厚と，軸面に平行な方向に測った厚さ，軸厚とがあります．これらの厚さのヒンジ部から翼部にかけての変化は，褶曲の最も基本的な幾何学的特徴であり，褶曲の形成機構と深い関連がある重要な形態要素です．
　褶曲層の層厚が一定している褶曲は，平行褶曲と呼ばれます．軸厚はヒンジで最も薄く，翼部の中程で最大となり，代表的な例に褶曲面が同心円をなす同心褶曲があります（図20（a））．幾何学的な制約条件のために平行褶曲は下方・上方にしだいに翼が短くなり，やがては水平な面に収れんして褶曲が解消されてしまうことになります．一方，褶曲層の層厚がヒンジ部で厚く翼部で薄くなり，軸厚が一定している褶曲は，相似褶曲と呼ばれます（図20（b））．この場合，各褶曲層の断面の形が相似しており，1つの褶曲面を軸面に沿って平行移動させて，それぞれの褶曲層を描くことができます．これら両褶曲は

(a) 平行褶曲（同心褶曲）　　　　　(b) 相似褶曲

図 20　同心褶曲と相似褶曲の模式図

理想的な形態の褶曲であり，実際の褶曲ではその褶曲層の厚さは多様な変化を示します．

翼の閉じ方（tightness）による褶曲の分類もあります．閉じ方は，褶曲の両翼間の角，すなわち翼間角（interlimb angle）で表現されることが多く，翼が開いたものから閉じたものへ，gentle，open，close，tight，isoclinal（等斜）と分類されています．

f.　対称性とフェルゲンツ

ある褶曲について，軸面が対称面をなすときにその褶曲は対称褶曲であるといい，そうでない場合は非対称褶曲であるといいます．前者では両翼の長さが一致します．一連の褶曲については，褶曲包絡面との関係で対称褶曲では褶曲軸面が包絡面に直交し，非対称褶曲では斜交します．寄生褶曲の対称褶曲・非対称褶曲の分布から高次の褶曲のヒンジの位置や，それがアンチフォーム・シンフォームのどちらであるかを判断することができます．

非対称性について，一般にはヒンジ線のプランジする方向に対して，時計回り型，反時計回り型，またその形からＺ型，Ｓ型と呼んで区別する場合があります．その形は，常に軸のプランジの方向に基づいて定められることに注意してください．

空間座標において褶曲軸面が転倒する方向（北，東，南，西）をフェルゲンツ（vergence）と呼びます．フェルゲンツは空間座標に基づくため，非対称性の表現とは異なり褶曲のプランジの方向に依存しないという利点があるのでよく使われます．

4.3.2　断　層

断層は，地層や岩石中に認められる割れ目のうち，面に沿って明瞭な相対的変位を示すもので，裂かは面に沿った変位は認められないが面に直交する方向に変位を示すものであり，節理は面に沿った方向にも直交する方向にもほとんど変位がないものです．

地質図の作成やリモートセンシング画像を解析する場合，同一の地層がその走向方向に対応した位置にないときに，両地点間に断層を想定することが多いのですが，地層が急に折れ曲がり，断層で切れずに連続している可能性も考慮すべきで，断層を引くときには，断層に伴う破砕帯やその周辺の強く変形した岩石・地層の存在を調べることが必要です．

a.　断層の基本要素

断層の基本要素について図 13 に戻って説明しましょう．断層面が地表に現れる線を断層線と呼び，断層面を境にして相対的に上側のブロックを上盤，下側のブロックを下盤と呼びます．断層の上盤と下盤の実際の相対的変位である実移動は，変位後に変位する前に同一点であった２点を結ぶ変位ベクトルであり，変位の方向ないし変位センスと移動距離に相当する変位量とで表されます．実移動は，断層面の走向に平行な走向ずれ成分と走向に直交する傾斜方向の傾斜ずれ成分とに分解でき，同様に垂直（throw）と水平（horizontal slip）の両成分とに分解して表現することもできます．

地質図上や露頭やリモートセンシング画像で観察される断層では，それを挟んで基準となる層理面や

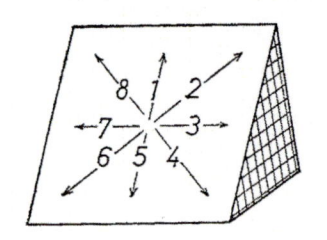

図 21 断層のずれの方向とその分類（垣見・加藤，1994）

岩脈の貫入面のずれが観察されてもこれらのずれは実移動ではなく，見かけのものであり，隔離（separation）と呼ばれます．

b. 断層の分類

1) **運動方向に基づく分類：** 上盤が下方に向かってずれ落ちる断層（図21の5）は正（移動）断層，上方に向かう断層（図21の1）を逆（移動）断層と呼びます．逆断層のうち断層面の傾斜角が45°以下の低角なものは衝上断層ないしスラストとして区分されます．これら傾斜方向のずれを示す断層は，総称して傾斜ずれ断層と呼ばれます．

上盤が下盤に対して，走向方向のずれを示す断層を横ずれ断層ないし走向移動断層と呼び，さらにそのずれが右方向（図21の7）か左方向（図21の3）かで，右横ずれ断層と左横ずれ断層とに区分します．

断層のずれが斜め方向である場合（図21の2, 4, 6, 8）を，斜めずれ断層と呼び，さらにその移動方向によって，4では左ずれ正断層，2では左ずれ逆断層というように呼びます．

2) **断層面の姿勢に基づく分類：** 断層面の姿勢は，走向・傾斜で表現され，その方向によって，「南北系」，「東西系」断層と称したり，地層の一般走向や褶曲軸の方向などの地質構造の卓越する方向との関係から，平行な系列を縦走断層，大きく斜交する走向の断層群を横断断層ないし胴切り断層と称します．

■ 文 献

垣見俊弘・加藤碵一（1994）：地質構造の解析―理論と実際．愛智出版，286 p.
加藤碵一・佐藤岱生（1983）：信濃池田地域の地質．地域地質研究報告（5万分の1図幅），地質調査所，93 p.
鹿沼茂三郎（1966）：地質調査と地質図．地質学ハンドブック（藤本治義・柴田秀賢編），朝倉書店，517-548, 712 p.
坂　幸恭（1993）：地質調査と地質図．朝倉書店，120 p.
増田富士雄（1997）：Fukadaken Library No.2　シーケンス層序学入門．深田地質研究所，27 p.
水野　学（1976）：長野県東筑摩地方北部の新第三系．地質学論集，13：175-186.
平野英雄・安田　聡・川畑　晶（2000）：地質ニュース，**547**：4.
藤田和夫・池辺　譲・杉村　新・小島丈児（1955）：地質図の書き方と読み方．古今書院，p.219, p.224.

用語解説

▼衛星・センサ関係

- **ASTER**（Advanced Spaceborne Thermal Emission and Reflection Radiometer）
  ➡ 本書 p.1「ASTER について」参照．

- **SPOT HRV**（Satellite pour l'Observation de la Terre, Haute Résolution Visible）
  CNES（フランス国立宇宙研究センター）が開発した陸域観測衛星 SPOT シリーズに搭載されているセンサの中で，最も主要なセンサ．

- **Landsat**
  米国の地球観測衛星．1972 年に 1 号が打ち上げられて以来，陸域観測において最も広範に利用されてきた光学センサ搭載衛星である．
  現在稼働している 5 号には MSS（Multi-Spectral Scanner），TM（Thematic Mapper）センサが，7 号には ETM+（Enhanced Thematic Mapper Plus）センサが搭載されている．

- **MODIS**（Moderate Resolution Imaging Spectroradiometer）
  ASTER が搭載されている Terra 衛星，および Terra と同じく EOS プロジェクトの Aqua 衛星に搭載されている，NASA 開発のスキャン式多バンド光学センサ．全 36 バンドを擁し，空間分解能は 250 m，500 m，1,000 m．観測幅 2,300 km で昼夜連続観測しているため，最短 2 日ごとに地表のデータ取得が可能．海面温度・海色や地表被覆，雲，エアロゾル等，全球的なデータセットの作成を目指している．

- **JERS-1**（Japanese Earth Resources Satellite-1）
  日本の地球観測衛星である地球資源衛星 1 号（ふよう 1 号）．1992 年 2 月 11 日に打ち上げられた．
  通商産業省（現・経済産業省）と科学技術庁（現・文部科学省）との共同開発で，光学センサと合成開口レーダセンサの 2 種類を搭載．陸域，特に資源探査の目的に沿った仕様で開発されており，また前方-直下視の立体視機能は衛星では初の試みであった．
  設計寿命は 2 年であったが，1998 年まで約 6 年半にわたり運用され，観測データが取得された．

- **リモートセンシング**（remote sensing）
  一般的にリモートセンシングとは，直接的に対象物に触れることなく，受動，能動方式を問わず，何らかの方法で対象物からの電磁波の反射，放射，散乱等を観測することにより対象物に関する情報を収集することをいう．
  人工衛星による地球観測では，電磁波の波長軸上，大気の窓に対応して可視光域から熱赤外域までを観測対象とする光学センサと，マイクロ波領域におけるレーダセンサが主に用いられている．

- **OPS**（optical sensor，光学センサ）
  衛星や航空機等に搭載され，可視域から熱赤外域くらいまでを観測対象とするセンサ．分光放射計もほぼ同義．ただし，optical sensor の略語としては一般化されておらず，主に JERS-1（ふよう 1 号）搭載の光学センサの名称として用いられている．
  なお，JERS-1 に OPS とともに搭載されていた SAR は，地表に向けてマイクロ波を照射し地表で散乱された波のうち，戻ってきたマイクロ波を受信し，画像を得ることができる能動型のレーダセンサである．天候にかかわらずデータを取得できるのが大きな特徴で，現在は，「だいち」衛星に搭載の PALSAR がその後継センサとなっている．

- **マルチスペクトルデータ**
  ある対象に対して，複数の観測帯でその対象からの電磁エネルギーの反射・放射を測定したデータのこと．

- **バンド**（band）
  リモートセンシングデータのセンサ／データに用いられる特定の波長帯．通常，上限と下限の nm，または μm で表示される．同一センサ／データにおいてバンドが複数ならば各バンドに番号を付すのが

通例である．

▼画像処理関係

・フォールスカラー画像（false color）
　1）複数の単バンド画像をRGB（Red, Green, Blue）に割り当てて合成した画像．なお，1つのバンドの濃淡画像を色彩で表示する方法はシュードカラー法（Pseudo Color Method）と呼ばれる．
　2）上記定義の中でも，特に原画像の可視光の緑色部にB，同赤色部にG，近赤外領域にRをそれぞれ割り付けて作成した画像．
　ASTERでいえば，B：G：R＝バンド1：2：3，Landsat TMではB：G：R＝バンド2：3：4となる．
　この配色では植生が赤系統に発色し，植生の種類，活力，季節等によって反応が異なるため最も広く用いられている．雪，雲等は白く，市街地は一般に青みがかった色を示す．
　図4.1画像などがそれにあたる．

・ナチュラルカラー画像（natural color）
　フォールスカラーのうち，特に植生が緑色になるように合成した画像．
　ASTERでは，B：G：R＝バンド1：3：2，Landsat TMではB：G：R＝バンド2：4：3．
　上記2）定義のフォールスカラー画像よりは自然な発色となるが，天然色とは異なる．肉眼視に近い色彩だが大気の影響を受けやすく，近赤外域の情報が含まれないため植生の判読には適さない．
　図4.6画像などがそれにあたる．
　また，より天然色に近くなるよう処理をした画像もあり，ASTERでは，B：G：R＝バンド1：（バンド1×0.75＋バンド3×0.25）：バンド2，がその一例である．図1.1画像などがそれにあたる．

・DEM
　Digital Elevation Modelの略．デジタル化された標高値のみの地形データのこと．

・ステレオペア
　一般的には，視差を利用して三次元的に浮き上がって見える立体像を観察することが可能な2枚の画像（写真）のことをいい，離れた2地点から撮影された画像の重複部分として得られる．両写真の撮影位置の間隔をB，2地点の撮像位置からの垂線の長さをHとすると，その比は基線高度比（B/H比）であり，この値が大きいほど視差が大きくなり，地形の起伏が誇張される．
　ステレオペア画像上で，同一地点（ステレオ対応点）が特定できると，その画像を取得した時のセンサの位置情報等から，その地点の3次元座標を計算することができ，それから数値地形モデルや等高線が抽出可能となる．なお，ASTERでは，通常観測モードで直下視と後方視の2つの望遠鏡により55秒の時間間隔にて観測しているため，ほとんどの観測データでステレオペアが作成される．

・DN値（Digital Number/gray level）
　デジタル画像において，各画素（ピクセル）における地表からの反射光の強さに対応したデジタル値．ASTERの場合，バンド1～9までが8ビット（256階調），バンド10～15が12ビット（4,096階調）の濃度値を持っている．リモートセンシングデータのデジタル画像データとは，この濃度値の2次元的配列分布をいう．

▼データ解析・処理関係

・リニアメント（lineament）
　リモートセンシング画像データ上で周辺の特徴から明瞭に識別される線状特徴のうち，地形図上に表現できる規模を持ち，単一あるいは集合体からなり，全体として直線状あるいは緩やかな曲線状に配列する特徴を示し，かつ断裂の地表軌跡，または地下の断裂を反映したものをいう．
　なお，成因を問わない画像に認められるすべての線状物体はリニアフィーチャー（linear feature）と呼ばれることもある．

・Spectral Angle Mapper法
　2つのターゲットあるいは画素の各バンドのDN値をn次元のベクトルとし，内積の角度を元に画像を分類する方法．

・ログレジデュアル（log residuals）
　多チャンネルのスペクトルデータを用い，スペクトル吸収特徴に基づいて地表の物質を識別するための手法．とくに，対象地域が裸地である場合，地表に分布する鉱物を識別するのに非常に有効．

宇宙から見た地質―日本と世界―	定価はカバーに表示

2006年6月25日　初版第1刷
2007年9月20日　　　第2刷

編集者	加　藤　碩　一
	山　口　　　靖
	渡　辺　　　宏
	薦　田　麻　子
発行者	朝　倉　邦　造
発行所	株式会社　朝倉書店

東京都新宿区新小川町 6-29
郵便番号　162-8707
電　話　03(3260)0141
FAX　03(3260)0180
http://www.asakura.co.jp

〈検印省略〉

© 2006〈無断複写・転載を禁ず〉　　　真興社・渡辺製本

ISBN 978-4-254-16344-5　C 3025　　　Printed in Japan

早大 坂 幸恭監訳

オックスフォード辞典シリーズ
オックスフォード 地球科学辞典

16043-7 C3544　　A 5 判 720頁 本体15000円

定評あるオックスフォードの辞典シリーズの一冊"Earth Science (New Edition)"の翻訳。項目は五十音配列とし読者の便宜を図った。広範な「地球科学」の学問分野——地質学，天文学，惑星科学，気候学，気象学，応用地質学，地球化学，地形学，地球物理学，水文学，鉱物学，岩石学，古生物学，古生態学，土壌学，堆積学，構造地質学，テクトニクス，火山学などから約6000の術語を選定し，信頼のおける定義・意味を記述した。新版では特に惑星探査，石油探査における術語が追加された

加藤碵一・脇田浩二総編集
今井 登・遠藤祐二・村上 裕編
地質学ハンドブック

16240-0 C3044　　A 5 判 712頁 本体23000円

地質調査総合センターの総力を結集した実用的なハンドブック。研究手法を解説する基礎編，具体的な調査法を紹介する応用編，資料編の三部構成。〔内容〕〈基礎編：手法〉地質学／地球化学（分析・実験）／地球物理学（リモセン・重力・磁力探査）／〈応用編：調査法〉地質体のマッピング／活断層（認定・トレンチ）／地下資源（鉱物・エネルギー）／地熱資源／地質災害（地震・火山・土砂）／環境地質（調査・地下水）／土木地質（ダム・トンネル・道路）／海洋・湖沼／惑星（隕石・画像解析）／他

前東大 不破敬一郎・国立環境研 森田昌敏編著
地球環境ハンドブック （第2版）

18007-7 C3040　　A 5 判 1152頁 本体35000円

1997年の地球温暖化に関する京都議定書の採択など，地球環境問題は21世紀の大きな課題となっており，環境ホルモンも注視されている。本書は現状と課題を包括的に解説。〔内容〕序論／地球環境問題／地球・資源・食糧・人類／地球の温暖化／オゾン層の破壊／酸性雨／海洋とその汚染／熱帯林の減少／生物多様性の減少／砂漠化／有害廃棄物の越境移動／開発途上国の環境問題／化学物質の管理／その他の環境問題／地球環境モニタリング／年表／国際・国内関係団体および国際条約

前東大 村井俊治総編集
測量工学ハンドブック

26148-6 C3051　　B 5 判 544頁 本体25000円

測量学は大きな変革を迎えている。現実の土木工事・建設工事でも多用されているのは，レーザ技術・写真測量技術・GPS技術などリアルタイム化の工学的手法である。本書は従来の"静止測量"から"動的測量"への橋渡しとなる総合HBである。〔内容〕測量学から測量工学へ／関連技術の変遷／地上測量／デジタル地上写真測量／海洋測量／GPS／デジタル航空カメラ／レーザスキャナ／高分解能衛星画像／レーダ技術／熱画像システム／主なデータ処理技術／計測データの表現方法

◆ 地球科学の新展開〈全3巻〉 ◆
東京大学地震研究所 編集

東大 川勝 均編
地球科学の新展開1
地球ダイナミクスとトモグラフィー

16725-2 C3344　　A 5 判 240頁 本体4400円

地震波トモグラフィーを武器として地球内部の構造を探る。〔内容〕地震波トモグラフィー／マントルダイナミクス／海・陸プレート／地殻の形成／スラブ／マントル遷移層／コアマントル境界／プルーム／地殻・マントルの物質循環

元東大 菊地正幸編
地球科学の新展開2
地殻ダイナミクスと地震発生

16726-9 C3344　　A 5 判 240頁 本体4000円

〔内容〕地震とは何か／地震はどこで発生するか／大地震は繰り返す／地殻は変動する／地殻を診断する／地球の鼓動を測る／地球の変形を測る／実験室で震源を探る／地震波で震源を探る／強い揺れの生成メカニズム／地震発生の複雑さの理解

東大 鍵山恒臣編
地球科学の新展開3
マグマダイナミクスと火山噴火

16727-6 C3344　　A 5 判 224頁 本体4000円

〔内容〕ハワイ・アイスランドの常識への挑戦／火山の構造／マグマ／マグマの上昇と火山噴火の物理／観測と発生機構（火山性地震・微動／地殻変動・重力変化／熱・電磁気／衛星赤外画像／SAR）／噴出物／歴史資料／火山活動の予測

上記価格（税別）は 2007 年 8 月現在